水电站自动化技术及应用

林　宁　国　栋　郭端英
韩　强　刘战生　屈文杰　　著

U0235246

黄河水利出版社
·郑　州·

内容提要

本书从工程设计方案的实施运用角度出发,对大中型水电站的控制保护与通信等自动化技术及应用等内容进行了介绍。其主要内容包括电站监控系统、励磁系统、调速器系统、电站辅助电源系统、视频监控系统、通信系统等。书中根据作者的工程设计经验,总结了大中型水电站的自动化相关技术及应用。

本书可作为从事水电工程的建设单位、设计单位、监理单位、施工单位技术人员的参考书,也可供大专院校水利水电工程、机电工程等专业学生参考。

图书在版编目(CIP)数据

水电站自动化技术及应用/林宁等著. —郑州:黄河水利出版社,2014.11

ISBN 978 - 7 - 5509 - 0982 - 3

Ⅰ.①水⋯　Ⅱ.①林⋯　Ⅲ.①水力发电站 - 自动化技术　Ⅳ.①TV736

中国版本图书馆 CIP 数据核字(2014)第 283041 号

组稿编辑:简群　电话:0371 - 66026749　E-mail:W_jq001@ 163. com

出　版　社:黄河水利出版社
　　　　地址:河南省郑州市顺河路黄委会综合楼 14 层　　邮政编码:450003
发行单位:黄河水利出版社
　　　　发行部电话:0371 - 66026940、66020550、66028024、66022620(传真)
　　　　E-mail:hhslcbs@ 126. com
承印单位:郑州文华印务有限公司
开本:787 mm×1 092 mm　1/16
印张:13.25
字数:306 千字　　　　　　　　　　　印数:1—1 000
版次:2014 年 11 月第 1 版　　　　　　印次:2014 年 11 月第 1 次印刷
定价:39.00 元

前　言

近 20 年来，国内水电站建设突飞猛进，水电站自动化技术也发生了巨大的变化，计算机技术已广泛应用于水电站自动化的各个系统。如控制设备从最初的继电器，到单片机，再到如今的可编程控制器及计算机；继电保护也是从继电器，到集成电路，再到微机型保护设备等。以上设备的更新换代，不但提高了水电厂的自动化水平，而且为水电厂实现无人值班（少人值守）成为可能。

现代通信在水利水电工程中同样扮演着上述不可或缺的作用，伴随着人类社会现代化进程的飞速发展，人类认知世界的脚步加快，现代通信系统作为满足人们感知世界的重要渠道之一，技术手段日新月异，通信方式也越来越先进，信息的传递在速度、数量和传递范围等方面都有了很大的发展。水利水电安全可靠运行需要水调系统、电调系统，需要通信系统将计算机监控系统、电能量计量系统、报价系统、安全防护系统、水情自动测报和视频监控等系统连接在一起。为了安全、经济地调水、发电、防洪、灌溉，充分利用水能，保障水资源的合理、综合利用，在满足水网电网要求情况下，合理分配出力，实现工程的"无人值班"（少人值守），满足市场运营要求，建设相适应的通信系统非常关键。

作　者
2014 年 8 月

目　　录

第一章 概　述

　　大中型水电站水轮发电机组机型、台数、容量、电压等级各有不同,但自动化所涉及的内容基本相同,选择一个电站为例进行介绍。某电站装机 5 台,采用发变组单元接线,发电机出口设有断路器,其中 4 台单机容量为 100 MW,主变容量 120 MVA,机端电压为 15.75 kV,另 1 台机组容量为 20 MW,主变容量 25 MVA,机端电压为 10.5 kV。主变压器高压侧电压为 220 kV,共 3 段母线,一侧采用双母线接线,另一侧采用单母线接线,送出到 2 个电网,一侧电网 2 回出线,另一侧 1 回。电站厂房采用坝后式,大坝左岸布置电站厂房,右岸布置泄流建筑物,同时设有副厂房和 GIS 楼,在电站副厂房设有中央控制室,能对全厂主要机电设备集中监控。

第二章 自动化涵盖的内容

第一节 电站监控系统

电站监控系统曾经采用的是继电器构成逻辑控制、指示灯、发光管或光字牌等构成信号显示设备,设备庞大,显示信息量少,几乎没有信息存储功能,现在利用现代化的计算机技术实现水电站内大部分机电设备的控制、监视、信息汇总和记录等工作,可完成更复杂的逻辑控制,设备占用空间小,信息量大,可长期存储。

一、系统结构

监控系统由电站主控级和现地控制级组成,采用 100 MB 光纤以太网,通信规约符合 TCP/IP 标准。

为满足系统调度和梯级调控的要求,根据《水电厂无人值班的若干规定》的标准及目前大型水电厂的运行经验和技术状况,确定电站按无人值班(少人值守)运行原则设计,系统采用全分布、全开放式结构,硬件和软件设计为模块化、结构化,以满足不同运行期间功能调整和扩充的需要。对于与安全运行密切相关的主计算机、操作员工作站采用双重化设置,机组、变电站和公用系统现地控制单元(LCU)采用双 CPU 配置。电站中控室设置模拟屏,模拟屏信息来自计算机监控系统。计算机监控系统的配置和结构按 DL/T 578《水电厂计算机监控系统基本技术条件》、DL/T 50《水力发电厂计算机监控系统设计规定》及有关设计规定的要求设计。

主控级设 2 台主计算机、2 台操作员工作站、1 台工程师工作站(兼培训工作站)、2 台梯级调度服务器、1 台站用通信服务器、1 台语音报警服务器和 1 套模拟屏(模拟屏配有模拟屏驱动器),主控级还设有 2 台激光打印机、2 台彩色喷墨打印机、UPS 和 GPS 时钟设备等。主控级完成全厂监控功能及与梯级调度中心的通信。

按机组、开关站、全厂公用系统和坝内闸门等分别设置 8 个现地控制单元(LCU)作为现地控制级,完成对被控对象的数据采集和处理、事故检测报警等。现地控制单元由双 CPU 冗余配置的 PLC 构成,直接连接光纤以太网,人机接口采用触摸屏,以交直流双路为 LCU 供电。机组微机调速器及微机励磁装置、微机继电保护及自动装置、监测仪表等与相应的现地控制单元 LCU 通信。机组辅助设备、全厂公用设备和厂用设备等分别采用单独的可编程控制器(PLC)和测控单元,各自按其控制程序独立实现自动控制,并能与相应的 LCU 通信。

计算机监控系统操作系统采用 UNIX 与 Windows NT 相结合,见图 2-1。

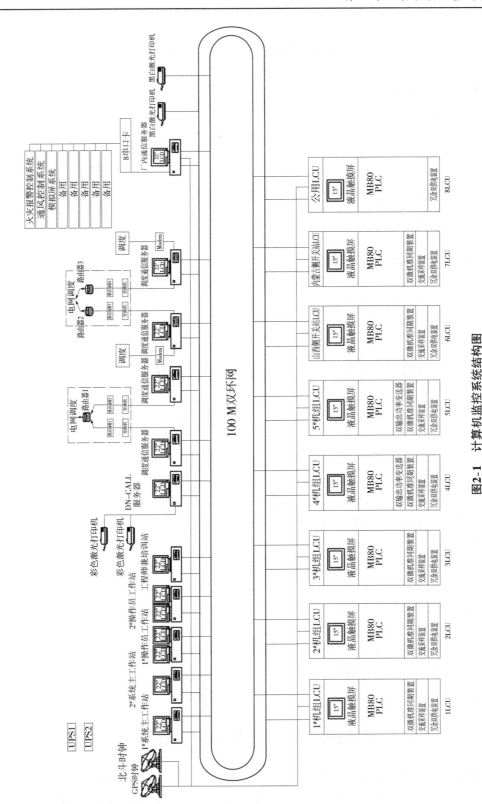

图2-1 计算机监控系统结构图

二、计算机监控系统的主要功能

(1)实时数据采集和处理;

(2)实时控制和调节;

(3)安全运行监视;

(4)自动发电控制(AGC);

(5)自动电压控制(AVC);

(6)事件顺序记录;

(7)记录打印;

(8)事故追忆;

(9)运行管理及事故处理指导;

(10)系统通信;

(11)系统自诊断与自恢复;

(12)模拟培训功能。

第二节　机组本体自动化系统

一、机组本体自动化元件及盘柜设置原则

(1)自动化元件满足水轮发电机组及其附属设备运行、监视、自动操作及电站计算机监控系统的要求。

(2)所有自动化元件防潮、防震、防漏,动作灵活可靠,结构便于安装调试,在保证可靠动作的前提下尽量选用技术先进和有运行经验的产品,重要部位的自动化元件采用冗余配置。

(3)所有自动化元件均接至水轮机及发电机各自端子箱中的端子排上。每个端子箱上或其附近均有接地措施。

(4)测压管采用不锈钢管,所有安装在测量点的指示器稳固地支承在托架上,并易于检修,安装高度适当,便于观察。

(5)控制设备采用可编程控制器(PLC)进行控制。各被控对象控制逻辑完整,均设有手动/自动控制方式选择开关,且需留有与机组现地控制单元(LCU)联系的I/O接口和数据接口,其接口型式和通信协议满足全厂计算机监控系统的要求。

二、机组本体自动化盘柜设置原则

机组本体自动化盘柜一般设置在机组风罩外,就近设置端子箱,机旁设置控制盘。

机组采用机械制动,设置一面测温制动盘,布置在发电机层上游侧机组对应位置。一

般设置消防灭火盘、仪表盘、状态监测盘各一面布置在发电机层上游侧机组对应位置。

另外还设置有水轮机端子箱、顶盖排水控制箱、发电机端子箱、加热照明控制箱和技术供水滤水器控制箱,分别就近布置在设备附近。

第三节 电站辅助控制系统

电站辅助控制系统主要是完成各独立设备或系统的现场控制功能,并作为监控系统的底层设备和接口设备。有逻辑控制需求的曾经也是采用继电器构成,现在基本是采用可编程控制器 PLC 来完成。

一、机组辅助控制

机组辅助系统包括:技术供水系统、顶盖排水系统、调速器油泵及漏油箱油泵系统等,在每个系统旁设现地控制柜(箱),采用可编程控制器(PLC)在设备旁进行手动和自动控制,用 I/O 及通信口与各机组 LCU 连接,在中央控制室实现远方监视。

二、全厂公用设备控制

全厂公用设备包括:中压气系统、低压气系统、厂内渗漏排水、厂内检修排水、大坝渗漏排水、下游灌浆廊道排水系统及厂外供水泵房供水系统等,在每个系统旁设现地控制柜,采用可编程控制器(PLC)在设备旁进行手动和自动控制,用 I/O 及通信口与公用 LCU 连接,在中央控制室实现远方监视。

三、通风系统控制

电站设各类风机,防火阀比较多,控制和消防联动关系复杂,对通风系统单独设置控制系统。通风控制系统采用分层分布方式,由 1 面通风控制柜、20 个现地控制箱及现场工业总线网组成。

通风控制柜和现地控制箱采用可编程控制器(PLC)设备,实现对风机和防(排)烟阀的单机和成组控制,风机及防(排)烟阀的联锁控制,通过工业总线网接受远方指令,实现风机的远方控制,并能监视全厂风机的运行状态。

对于主要送风机、消防排烟风机和消防排二氧化碳风机,除可通过通风控制系统的工业总线控制外,还采用了消防联动控制柜到通风机的多线控制,以提高控制可靠性。

通风控制柜能通过数据通信口与电站计算机监控系统、火灾自动报警系统连接,实现电站计算机监控系统对通风设备的监视控制和信息存储;实现火灾自动报警系统对通风设备的联动控制,保证火灾自动报警系统对通风设备的控制要求。

四、闸门启闭机控制

坝内有 10 个底孔弧形工作闸门采用液压启闭机启闭,共设 2 套液压泵站,每套泵站控制 5 孔闸门,2 套液压泵站分别设现地控制柜,采用可编程控制器 PLC 控制并装有开度指示仪。每孔闸门旁设现地控制箱,箱上具有必要的操作指示,主要用于现场调试。现地控制柜将相关信息送入闸门 LCU,以实现在中央控制室通过操作员工作站对闸门进行远方监控。

五、主变本体非电量保护及测量装置

变压器本体所有对外连接的信号、接点(包括冷却器控制、测量及保护、CT、信号等)均集中引至变压器端子箱内,此端子箱安装于变压器本体上,易于人在地面上接线(该端子箱允许与冷却风扇控制箱合并)。端子箱采用不小于 2 mm 的不锈钢材料制成,防护等级应满足 IP54 的要求。

每台变压器应配备测量和保护设备如下。

(一)变压器油温测量

为实现对变压器油温的测量,设置 Pt100 测温电阻及变压器油面温度计,将温度计输出信号引入端子箱,信号包括:接点信号和 Pt100 信号。接点容量不小于 DC 220 V/2 A。同时,当检测到温度超限时,自动启动冷却装置。测温电阻的数量及埋设位置满足相关规程要求。输出接点数量满足控制冷却装置及上送保护设备使用。

(二)变压器绕组温度测量

为实现对变压器绕组温度的测量,设置 Pt100 测温电阻及变压器绕组温度计,并能接受主变高压侧 CT 信号,将 Pt100 测温电阻和 CT 值叠加后输出接点信号和 DC 4 ~ 20 mA,输出信号引入端子箱。

(三)油位计

设置带电接点的油位计,安装于油枕内。油位计便于在地面清晰地读数,并能发出油位异常的接点信号,接点容量不小于 DC 220 V/2 A。此外,装设 DC 4 ~ 20 mA 输出的液位变送器,供电站计算机监控系统使用。

(四)气体继电器

气体继电器安装位置应便于观测到分解出气体的数量和颜色,且便于取出气体。为使气体易于汇集在气体继电器内,要求升高座的联管、变压器与储油柜的联管和水平面约有 15°的升高坡度,变压器不得有存气现象。

气体继电器安装在变压器油箱和油枕室之间的管路上,瓦斯继电器能正确反映变压器内部故障且性能良好。轻瓦斯瞬时动作于信号,重瓦斯动作则跳开变压器各侧断路器。瓦斯继电器应对地震和振动不敏感。

(五)压力释放装置

提供压力释放装置用于防止内部爆炸,所设计的装置在打开之后要减少排放的油量,并排除气体。压力释放装置至少有 2 对独立的信号接点引出并接入端子箱。接点容量不小于 DC 220 V/2 A。压力释放装置采用弯管型式,以便在爆炸后油流入储油坑内。

(六)控制箱及端子箱

冷却风扇电气控制箱和变压器端子箱允许合二为一,若分别设置,则相邻布置。

冷却系统的电源(风扇及控制)为双回三相交流 380/220 V ± 15%、50 Hz。2 路电源之间设置电源自动切换及机械闭锁装置,当 1 回电源发生故障时,另 1 回电源自动投入。装有冷却设备手动/自动控制的转换开关。风扇起停的运行状态应能够上送电站计算机监控系统。

(七)各电压等级开关的控制

电站内所有 220 kV 系统断路器、隔离开关、主变中性点接地开关、厂用变高低压侧断路器及厂用母线分段断路器等,均可在中控室通过计算机监控系统集中监控。其他隔离开关、接地开关和 400 kV 厂用电馈线断路器等,由于数量过多或开关本身操作机构的限制,只能实现现地控制。

所有断路器在现地控制屏柜上均有状态信号指示,可现地手动控制。为防止误操作,隔离开关、接地开关在各自跳/合闸回路,设有必要的防误操作闭锁。

第四节　继电保护系统

继电保护设备经历了多继电器型、集成电路型及微机型几个发展过程,现在所用的微机型保护设备,占地小、功能全、可靠性高,同时有利于与监控系统的信息对接。

继电保护按照《"防止电力生产重大事故的二十五项重点要求"继电保护实施细则》、DL/T 5177《水力发电厂继电保护设计导则》、GB 14285《继电保护和安全自动装置规程》、DL 400《继电保护和安全自动装置通用技术条件》及有关标准、规定配置。

采用分组多 CPU 保护结构,保护装置具有完善的抗干扰措施,灵活可靠的出口,具有自检和自恢复功能。

一、发电机和主变压器保护

(一)1#~4#发电机和主变压器保护

1#~4#发电机和主变压器保护按双重化原则配置,采用微机型成套保护装置,按发电机、变压器等不同的主设备分别组屏,分别供电。按照水电规办综〔2000〕0028 号文件要求,1#~4#发电机组配置专用的微机型故障录波装置。

(二)5#发电机和主变压器保护

5#发电机和主变压器保护按正常配置,采用微机型成套保护装置,按发电机、变压器等不同的主设备分别组屏。

二、220 kV 母线保护、线路保护及安全自动装置

根据有关规程规定,220 kV 母线及线路保护及自动装置,按双重化原则配置,220 kV

母线配置微机型保护及断路器失灵保护;220 kV 线路保护设计采用不同原理的 2 套微机型保护及综合自动重合闸装置。为了监视 220 kV 系统故障过程,判别线路故障地点,全厂装 1 套微机型故障录波及测距装置。具体配置将按接入系统设计的要求实施。

系统安全自动装置根据接入系统设计结果确定,本工程装有相角测量和失步解裂装置。

各保护装置采用 I/O 和串行通信两种接口,将信息送入计算机监控系统的开关站 LCU 或站内通信服务器。

三、厂用电系统继电保护

厂用变压器、生活区变压器及外来备用电源变压器等的继电保护装置,分别采用综合测控保护装置,安装在各自的高压开关柜上,完成监测和保护功能,采用 I/O 和串行通信两种接口,将信息送入计算机监控系统的公用 LCU。

励磁变压器配置电流速断及过电流保护,保护装置安装在发电机保护屏内。

0.4 kV 系统装设备用电源自动投入装置,安装在相应的 0.4 kV 开关柜内。

第五节　励磁系统

一、励磁方式的选择

目前采用的励磁系统可分为直流电机励磁系统和可控硅励磁系统两大类。

直流电机励磁系统主要类型:自并励、它励、复励和它励 - 自并励。

可控硅励磁系统主要类型:它励、自并励、直流侧并联自复励、交流侧串联自复励和直流侧串联自复励。

由于直流电机励磁系统存在以下问题,如:电压增长速度慢电压反应时间长,存在机械整流子的磨损及环火等问题使维护工作量加大,不适用需要正反转的蓄能机组,同时制作费工、费料,造价较高,因此一般大中型水轮发电机励磁方式不选用。

可控硅励磁系统的几种类型的特点如下。

(一)它励

(1)励磁机为交流励磁机,无机械整流子,维护工作量小。

(2)励磁电源独立可靠,不受电网电压波动的影响。

(3)放映速度快,属高起始反应励磁。

(4)全控整流桥可实现逆变灭磁。

(5)交流励磁机一般功率因数低,容量裕度大、耗材多、造价高。

(6)接线比较复杂。

(二)自并励

(1)励磁主回路没有旋转部分。

（2）反应速度快,属高起始反应励磁。

（3）取消励磁机,可缩短发电机总长度,降低厂房高度。

（4）接线简单,维护工作量小,造价低。

（5）励磁电源受电网电压影响大,发电机或电网近端三相短路时,励磁系统整流桥阳极电压严重下降。

（三）直流侧并联自复励

（1）励磁主回路没有旋转部分。

（2）反应速度快,属高起始反应励磁。

（3）取消励磁机,可缩短发电机总长度,降低厂房高度。

（4）发电机或电网近端短路时,能提供必要的强励顶值。

（5）电流组或电压组其中一组因故退出运行时,另一组仍可短期运行。

（6）设备多,占地面积大。

（7）不带气隙的复励变流器副边容易出现过电压现象。

（四）交流侧串联自复励

（1）励磁主回路没有旋转部分。

（2）反应速度快,属高起始反应励磁。

（3）取消励磁机,可缩短发电机总长度,降低厂房高度。

（4）励磁电源运行独立性较高,可提供较高的强励顶值。

（5）设备多,占地面积大。

（6）串联变压器一般采用代气隙结构的铁芯,因而副边开路时,不致出现过电压,但造价较高。

（7）全控整流桥可实现逆变灭磁。

（五）直流侧串联自复励

（1）励磁主回路没有旋转部分。

（2）反应速度快,属高起始反应励磁。

（3）取消励磁机,可缩短发电机总长度,降低厂房高度。

（4）整流桥硅元件所承受的反峰电压较低。

（5）设备多,占地面积大。

（6）串联变压器一般采用代气隙结构的铁芯,因而副边开路时,不致出现过电压,但造价较高。

综上所述,对于各种容量的水电站均可选用自并励可控硅励磁系统,主回路接线简单,消耗钢材少,造价低,维护工作量小,是比较经济易行的方案。

二、自并励可控硅静止励磁系统

自并励可控硅静止励磁系统,由励磁变压器、三相全控桥整流器、微机励磁调节器、双断口磁场断路器、交直流过电压和非全相保护、起励装置、量测用电流互感器及电压互感器等组成。

(一)励磁变压器

励磁电源变压器采用防潮三相干式变压器,为整流设备提供电压。高压侧与发电机母线分支对应相连。

(二)励磁调节器

采用按电压偏差自动调节通道和按转子电流偏差手动调节通道。自动电压调节通道采用双重化,互为热备用。具备与计算机监控系统机组 LCU 的接口,以实现监控系统对发电机励磁的监控和调节功能。

(三)励磁系统性能参数

满足 DL/T 583《大中型水轮发电机静止整流励磁系统及装置基本技术规范》。当发电机机端正序电压为额定值的 80% 时,励磁顶值电压倍数为 2,强行励磁响应时间不大于 0.08 s,快速减磁,由顶值电压减小到 0 的时间不大于 0.15 s;励磁系统在 2 倍额定励磁电流下的允许时间不小于 20 s;励磁系统保证当发电机励磁电流和电压为发电机额定负载下励磁电流和电压的 1.1 倍时,能长期连续运行。

(四)起励装置

励磁起励方式采用直流起励及残压起励。机组正常开机时,当发电机转速达到 95%,自动进入残压起励方式,残压起励不成功,自动投入直流起励。

(五)灭磁装置(包括转子过电压保护)

励磁系统的灭磁方式分成正常停机和事故停机 2 种灭磁方式,正常停机采用逆变灭磁,事故停机采用磁场断路器加非线性电阻灭磁。

在可控硅整流桥交流侧、直流侧及发电机转子侧装设过电压保护装置,用以保护可控硅及发电机转子绕组。

第六节　调速器系统

水轮机调速器分机械液压式调速器和电气液压式调速器两大类。机械液压式调速器早期具有长期的制造和运行经验;而电气液压式调速器则具有制造加工比较方便、灵敏度高、便于实现多参量调节、合理分配负荷、实现成组调节等优点,近年来应用广泛。

一、电气液压式调速器的组成

(1)测频单元:测量运行机组频率与给定频率的偏差。一般采用齿盘转速测量、机端 PT 及系统 PT 的频率信号测量方式。

(2)电液转换器:将电信号转换成位移信号。

(3)主配压阀:控制接力器油路的方向,控制接力器开、关或快关等。

(4)开度限制及反馈机构:在自动运行状态下可限制机组开度,在液压手动运行状态下,用于机组的开机、增减负荷和停机等操作。

(5)分段关闭装置:控制接力器关闭时,控制关闭速度分快关段和慢关段。

(6)事故电磁阀:用于机组的事故停机,控制主配压阀油路切换时接力器快速关闭。

（7）补气装置：油压装置在首次工作建立油压和油位时应用。

二、电气液压式调速器特点

电气液压式调速器与机械液压式调速器比较，具有如下优点：

（1）灵敏度高。

（2）易于实现多种调节参数的综合（例如，加速度、流量、水头和机组间负荷分配等），有利于水电站的经济运行、自动化水平及调节品质的提高。

（3）用半导体器件、集成电路及现在的微机等组成的电路来取代机液调速器中难以加工的离心飞摆、缓冲器和协联机构等部件，从而使调速器的加工大为简化，成本亦相对降低。

（4）易于增加一些辅助部件，使调速器的功能、作用更为完善。

三、电气液压式调速器分类

（1）按其作用执行机构的数目，可分为单调节的（用于混流式和定桨式水轮机）和双调节的（用于转桨式水轮机）。

（2）按其电液转换器的形式，可分为比例伺服阀、数字阀和步进电机等形式。

第七节　控制保护用辅助电源系统

为确保电厂的安全运行，全厂设 220 V 直流电源系统，作为全厂控制、保护、操作、自动装置和逆变电源装置等的供电电源。当厂用电源事故时，事故负荷持续时间按 1 h 计算，初步估算，选用 2 组 600 Ah 固定阀控式铅酸蓄电池组，不带端电池，不设调压装置。采用单母线分段接线，每段母线接 1 组蓄电池和 1 套浮充电装置，浮充电装置同时完成浮充和强充功能。直流系统配置有微机监测装置、微机绝缘监测装置和蓄电池巡检装置等。整流采用高频开关电源装置，采用 $N+1$ 冗余配置以提高稳压、稳流的精度。

每台机组旁、GIS 室和继电保护盘室分设交、直流电源分屏：交、直流电源分别由两段母线双回路供电。

逆变电源装置作为事故照明用电。

电站计算机监控系统主控级计算机电源采用冗余配置的不间断电源 UPS，均配阀控式铅酸蓄电池组。

第八节　视频监控系统

系统可以确保运行（值守）人员及时地了解电厂范围内各重要场所的情况，是提高电厂运行水平的重要辅助手段。利用对视频信息进行数字化处理，从而方便地查找及重视事故当时情况。

根据本电站"无人值班(少人值守)"的控制方式,电站视频监控系统与计算机监控系统、火灾自动报警系统等系统有机地结合起来,通过在电站某些重要部位和人员到达困难的部位设置摄像机并随时将摄取到的图像信息传输到电站控制中心,以达到减少电站巡视人员劳动强度的目的,并实现电站重点防火部位、各场所安全监视、坝上和开关站等部位的远方监视、部分现地设备的运行情况监视等。

为本水利枢纽工程设视频监控系统,系统的主要设备配置为:副厂房二层中控室设有视频矩阵切换主机、控制操作键盘、硬盘录像机、2×2 DLP 拼接大屏幕系统、监视器和一个多媒体主机等主设备及附属配套设备。共设 99 个摄像头,分别安装在主厂房机组各层、设备间、副厂房各主要房间、GIS 室、警卫室、坝顶及电站上下游等处。

第九节　通信系统

根据本水利枢纽工程的地位和接入系统要求、建成后的调度管理方式、水电厂装机规模、枢纽布置、施工组织等具体情况,确定通信总体方案如下。

一、厂内生产管理通信

为完成厂内及库区生产管理及生活区通信,选择数字程控交换机 1 台,容量 512 线,附属配套设备 1 套,交换机与电力线载波、光纤和卫星等通信设备接口。交换系统平台采用线性结构,具有汇接交换功能、语音通信和 IP 组网等增值业务功能,具有综合业务数字网的基本功能,具有来电显示、计费等功能。配置网管和语音信箱系统。

二、厂内生产调度通信

为水库和电站调度服务设 256 线数字程控调度机 1 台,配置调度台(双座席)和数字录音系统,配置网管和语音信箱系统,并与系统调度通信设备接口。交换系统平台采用线性结构,具有汇接交换功能,语音通信、呼叫中心和 IP 组网等增值业务功能;具有综合业务数字网的基本功能;具有来电显示等功能。

三、系统通信

(一)电力调度通信
(1)A 方向:分别在两回出线上安装地线复合光缆通信设备。
(2)B 方向:同 A 方向。
(二)水利调度通信
本水利枢纽是黄河中游的大型水利枢纽,其大型水库的合理调度服从黄委全河调度原则,汛期电站发电服从防洪,水库严格按照汛期水库调度原则调度,为满足全河调度及防汛对通信系统的要求,建立本水利枢纽至主管部门和调度部门(水利部及黄委)的通信通道十分必要。

由于电站拟采用联合梯级调度控制方式,联合梯级调度控制中心拟设于电站的管理及调度基地内,独立于两电站实现远方监控调度,三地的水利调度语音及数据指令信息、防洪与防凌信息可从电站统一出口,以上信息均需通过水利调度通信通道传至主管部门和调度部门(水利部和黄委)。

上游电站已建水情自动测报系统将与本电站待建水情自动测报系统联网,两系统每日均需向黄委报送水雨情信息,并于汛期及洪水来临前向主管部门作出洪水预报。水利调度通信通道也将解决以上信息传递。

对于系统通信,常采用光纤、数字微波、载波和卫星通信,由于水利部及黄委距离本水利枢纽距离遥远,数据量不大,沿途采用光纤、微波和载波成本太高,而卫星仅一跳,选择卫星通信方式既经济又易建设。

为此,本工程选择卫星通信作为水利调度通信的主要通信通道,传送上游及本电站与水利部及黄委之间水利调度、防汛、生产管理及水雨情信息。同时,由于系统调度通信应具有两种独立的通信通道,故将公网作为本工程的备用通信通道。

四、梯级调度管理通信

在调度中心设 400 线数字程控调度机 1 台及附属配套设备 1 套,配置调度台(双座席)和数字录音系统,配置网管和语音信箱系统。由本枢纽至上游电站架设光缆线路,配置光传输设备。该交换系统平台采用线性结构,具有汇接交换功能及行政、调度合一的交换功能,以及语音通信、呼叫中心和 IP 组网等增值业务功能;具有综合业务数字网的基本功能;具有来电显示、计费等功能。

五、通信综合网络及办公自动化系统

在枢纽、生活区和调度中心分别布设综合布线系统,采用结构化综合布线,调度中心设路由交换机,对于楼宇用户,设置楼层交换机和楼宇交换机,分散的信息点设 2 层以太网交换机,配置配线设备。

在以上三地配置办公自动化系统设备各 1 套,包括硬件和软件设备各 1 套。办公自动化系统采用 C/S(客户机/服务器)两层结构的形式,在办公自动化系统平台上建立办公自动化(OA)系统,以 Web 服务器为核心,集成文件服务器、数据库服务器和 Mail 服务器支撑系统网络。

六、对外通信

对电信公网通信由生产管理交换机与县电信部门以及 B 方向电信部门通过中继连接。

七、电　　源

所有通信系统设备集中供电,交流电源采用 2 路厂用交流和直流经逆变切换的供电方式。各种通信设备的直流电源采用直流不停电供电方式。直流采用 - 48 V 供电系统,整流模块并联运行,市电正常时,与蓄电池并联浮充对负荷供电;在市电中断情况下,蓄电池对设备供电,UPS 电源对机房内交流用电设备供电。

八、施工通信

根据工地施工总布置,为保证施工工地内部、施工工地对外及施工期间防汛通信的要求,在施工工地设置数字程控交换机 1 台,容量 300 线。为此,交换机配置通信电源设备及附属配套设备。

九、设备布置

通信设备安装在调度中心、生活区和副厂房独立单元内,生产调度总机的操作席设在电厂的中央控制室。

第三章 电站监控系统

第一节 概 况

一、计算机监控系统设备配置

(1)1 套网络设备;

(2)2 台系统主工作站;

(3)2 台操作员工作站;

(4)1 台工程师/培训工作站;

(5)2 台梯调网关工作站;

(6)1 台厂内通信服务器;

(7)4 套厂外通信服务器(远动用);

(8)1 台语音报警服务器;

(9)4 台打印机;

(10)1 套模拟屏及驱动器;

(11)1 套 GPS 时钟;

(12)2 套 UPS 及配电设备(含配电柜);

(13)1 套控制操作台;

(14)1 套计算机;

(15)7 套现地控制单元(5 套机组、1 套开关站和 1 套公用);

(16)系统完整软件;

(17)备品备件;

(18)维修和调试工具。

监控外部硬接线 I/O 点数见表 3-1。

表 3-1 监控外部硬接线 I/O 点数

	1#~4#机组(1~4)LCU（每台机）	5#机组 5LCU	开关站 6LCU	公用设备 7LCU
DI	256	256	320	224
SOE	128	128	160	96
AI	64	64	32	64
DO	96	96	96	64
AO	8	8	—	—
RTD	112	96	16	—
交流量	1 套	1 套	8 套	—

二、设计原则

(1)电站设置中央控制室,采用全计算机控制,不设常规布线逻辑控制设备,以实现集中计算机监视控制。

(2)该电站按无人值班(少人值守)设计。采用开放式、全分布计算机监控系统。网络采用光纤双环工业以太网,要求每一个现地控制单元接一个网络交换机,传输速率100 Mb/s,通信规约符合 TCP/IP 标准,按 IEEE802.3 设计。采用成熟的标准汉化系统。

(3)计算机监控系统具有容错功能,主要控制设备采用冗余配置,计算机监控系统不应因任何一个器件发生故障而引起系统误操作。

(4)各 LCU 均以微处理器为基础,可实现与开放标准工业以太网直接联网。具有自诊断功能和显示功能,即使主计算机发生故障,仍可通过 LCU 上的触摸显示屏等设备对电站所有进入监控系统的设备进行现场操作和监视。

(5)通过对外通信服务器与两侧电力调度系统进行通信。

(6)需与梯级调度计算机监控系统远程联网,向梯调发送信息和接受梯调发送的信息和命令。

(7)留有与电站 MIS 联机接口。

(8)实现厂内通信服务器与模拟屏驱动器通信。

(9)通过厂内通信服务器实现与大坝安全监测系统、水情测报系统、通风控制系统、火灾报警系统和工业电视系统之间的通信。

(10)机组 LCU 与励磁系统、调速器系统、机组继电保护系统通信。

(11)公用 LCU 与渗漏排水控制系统、检修排水控制系统、中压气机控制系统和低压气机控制系统等组成的现地总线网通信;与 10 kV 开关设备、直流电源系统和底孔闸门控制设备 RS485 通信口的通信。

(12)系统应具有响应速度快,可靠性、可利用率高;可适应性强;可维修性好;先进、经济、灵活和便于扩充。

三、主要监控对象

(1)5 台水轮发电机组及辅助设备;

(2)5 台主变压器及其辅助设备;

(3)5 台发电机出口断路器、隔离开关;

(4)3 回 220 kV 出线;

(5)2 段 220 kV 母线;

(6)8 台 220 kV 断路器;

(7)10 个 220 kV 间隔的隔离开关及接地刀闸;

(8)5 台高压厂用变压器;

(9)15.75、10、0.4 kV 配电设备;

（10）全厂直流电源系统；

（11）技术供水及渗漏、检修排水系统；

（12）中、低压缩空气系统；

（13）全厂通风机系统；

（14）底孔闸门系统；

（15）工业电视系统等。

第二节　系统操作要求

一、系统层次

电站计算机监控系统分为厂站控制级及现地控制级两层。系统功能由厂站控制级及现地控制级共同完成。

厂站控制级设备包括：系统主工作站、操作员工作站、工程师/培训工作站、梯调网关工作站、厂内通信服务器、厂外通信服务器、语音报警服务器、100 M网络设备及之间的连接介质、打印机、GPS装置、UPS及配电设备、模拟屏及驱动器等。

现地控制级设备包括：机组现地控制单元（5套）、220 kV开关站现地控制单元（1套）和公用现地控制单元（1套）。

二、系统控制调节权管理

计算机监控系统控制调节方式分为控制方式和调节方式二类。控制方式包括现地控制方式、厂站控制方式和梯调控制方式，调节方式包括厂站调节方式和梯调调节方式。

现地控制单元应设有"现地/远方"切换开关。在现地控制方式下，现地控制单元只接受通过现地级人机界面、现地操作开关、按钮等发布的控制及调节命令。厂站级及梯调级只能采集、监视来自电站的运行信息和数据，而不能直接对电厂的控制对象进行远方控制与操作。

厂站级应设有"电站控制/梯调控制"软切换开关和"电站调节/梯调调节"软切换开关。

（1）当监控系统处于"电站控制"和"电站调节"方式且现地控制单元处于"远方控制"方式时，厂站级可对电站主辅设备发布控制和调节命令，梯调级则只能用于监视。

（2）当监控系统处于"电站控制"和"梯调调节"方式且现地控制单元处于"远方控制"方式时，厂站级只能对电站主辅设备发布控制命令，梯调级则只能发布调节命令。

（3）当监控系统处于"梯调控制"和"电站调节"方式且现地控制单元处于"远方控制"方式时，梯调只能对电站主要设备发布控制命令，厂站级则只能发布调节命令。

（4）当监控系统处于"梯调控制"和"梯调调节"方式且现地控制单元处于"远方控制"方式时，梯调可对电站主要设备发布控制和调节命令，厂站级则只能用于监视。

控制调节方式的优先级依次为现地控制级、厂站控制级和梯调控制级。

第三节　系统功能要求

一、厂站控制级功能

（一）数据类型

（1）开关量输入点（DI）：开关量输入点的点值来自电站计算机监控系统的现地控制单元，通过开关量输入模块采集现场的开关量信号。

（2）事件顺序记录点（SOE）：事件顺序记录点的点值来自电站计算机监控系统的现地控制单元，通过快速开关量输入模块采集现场的开关量信号。

（3）模拟量输入点（AI）：模拟量输入点的点值来自电站计算机监控系统的现地控制单元，通过模拟量输入模块采集现场的模拟量信号。

（4）脉冲量输入点（PI）：脉冲累加输入点的点值来自电站计算机监控系统的现地控制单元，通过开关量输入模块采集现场的脉冲累加信号，脉冲累加输入点属模拟量类型。

（5）开关量输出点（DO）：开关量输出点通过计算机监控系统现地控制单元的开关量输出模块控制现场设备。

（6）模拟量输出点（AO）：模拟量输出点通过计算机监控系统现地控制单元的模拟量输出模块控制现场设备。

（7）数字量计算点：数字量计算点为画面或报表而设计的数字量点，其目的是简化应用程序，计算表达式应能方便地被用户修改。

（8）模拟量计算点：模拟量计算点为画面或报表而设计的模拟量点，其目的是简化应用程序，计算表达式应能方便地被用户修改。

（9）其他数据点：自定义的服务于监控系统的其他类型的数据点。

（二）数据采集

（1）自动采集各现地控制单元的各类实时数据。其中，定周期采集的数据，其采集周期应为可调。

（2）自动采集来自梯调级的数据。

（3）自动采集电站监控系统外接系统的数据信息。

（4）接收由操作员向计算机监控系统手动登录/输入的数据信息。

（三）数据处理

具有对每一设备和每种数据类型定义数据的处理能力，用以支持系统完成控制、监视和记录能力。数据处理包括如下内容。

（1）模拟量数据处理。包括模拟量数据合理性检查、工程单位变换、模拟量数据变化（死区、梯度等检查）及越限检查等，并根据规定的格式产生报警和记录。

（2）状态数据处理及开出点动作记录。包括防抖滤波、软件抗干扰滤波、异位立即传送异位点和周期定时传送全部采集点、数据质量码显示等，并根据规定的格式产生报警和记录。状态量变化次数、LCU开出点动作情况记录并归档。

（3）事件顺序数据处理。记录各个重要事件的动作顺序、事件发生时间（年、月、日、时、分、秒、毫秒）、事件名称、事件性质，并根据规定产生报警和记录。

（4）计算数据。监控系统可根据实时采集到的数据进行周期、定时或召唤计算分析，形成各种计算数据库与历史数据库，包括：脉冲累积、电度量、水量的分时累计和总计；机组温度综合分析计算；主、辅设备动作次数和运行时间等的统计；分段负荷运行时间统计；其他分析统计计算：包括功率总加、机组及输电线路电流和功率不平衡度计算、功率因数计算等；进行数字量、模拟量的计算，用于监视、控制和报警；辅助设备智能分析、报警。

（5）趋势记录。对电站的一些主要参数如机组轴承温度、轴承温度变化率、推力轴瓦间温差、油槽油温、机组有功及主变温度等实时数据进行记录，采样周期应分别在 1～15 s 和 1～10 min 可调，采样点是可选及可重新定义的。总点数满足用户要求，每点记录值不少于600个。记录满足用图形显示及列表显示等方式的需要。

（6）事故追忆数据处理。对过程点实时数据进行事故追忆记录处理，其记录事故前后过程中的数据量不少于60个（记录格式待定），数据保存不少于6个月。追忆数据点可增加、删减或重定义。

（7）事故前后运行方式记录。对事故前后电厂运行方式及主要参数进行记录保存。

（8）设备运行统计。须对电站主要设备的运行情况进行统计并归档，如发电机组的开停机次数、机组和主变的运行时间、断路器的动作次数等。对间歇运行的辅助设备的运行状态进行监视和记录。如压油泵、空压机、排水泵等的启动次数、运行时间和间歇时间。

（四）控制调节

1．一般控制与调节

（1）机组开/停机顺序控制（单步或顺序）、紧急停机控制。

（2）对单个具备ON/OFF操作的设备，要求对其实现ON/OFF控制操作，并须考虑安全闭锁（包括对出口断路器、隔离开关、接地刀闸等的控制与操作）。

（3）220 kV断路器、隔离开关及接地刀闸的控制与操作。

（4）主变中性点接地刀闸的分、合操作。

（5）厂用电设备的控制与操作。

（6）其他相关控制与操作。

（7）全厂给定值调节：全厂有功功率、全厂无功功率/母线电压能按设定值进行闭环调节。

（8）机组给定值调节：机组的转速/有功功率、电压/无功功率和导叶开限能按设定值进行闭环调节。

2．自动发电控制（AGC）

1）总体要求

电站的自动发电控制充分考虑电站运行方式，具有有功联合控制、电站给定频率控制和经济运行等功能。其中,有功联合控制系指按一定的全厂有功总给定,在所有参加有功联合控制的机组间合理分配负荷。给定频率控制系指电站按给定的母线频率,对参加自动发电的机组进行有功功率的自动调整。经济运行系指根据全厂负荷和频率的要求,在遵循最少调节次数、最少自动开停机次数、发电耗水量或弃水量最少的前提下,确定最佳机组运行台数和最佳运行机组组合,实现运行机组间的经济负荷分配。在自动发电控制时,能够实现电站机组的自动开、停机功能。

自动发电控制能实现开环、半开环和闭环 3 种工作模式。其中,开环模式只给出运行指导,所有的给定及开、停机命令不被机组接受和执行;半开环模式指除开、停机命令需要运行人员确认外,其他的命令直接为机组接受并执行;闭环模式系指所有的功能均自动完成。

AGC 自动发电控制能对电站各机组有功功率的控制分别设置"联控/单控"控制方式。某机组处于"联控"时,该机组参加 AGC 联合控制;处于"单控"时,该机组不参加 AGC 联合控制,但可接受操作员对该机组的其他方式控制。AGC 对机组的"联控/单控"控制方式可由电站或梯调操作员设定。

2)自动发电给定值方式

自动发电给定值方式有:给定总有功功率、给定日负荷曲线、给定频率和给定系统频率限值等。各种方式的切换应该做到无扰切换。

厂站层设置"电站调节/梯调调节"软切换开关,在"电站调节"方式下,运行人员通过厂站级人机界面设定上述给定值;在"梯调调节"方式下,上述给定值来自于梯调。

3)AGC 负荷分配算法原则

自动发电控制按照修正等功率法或动态规划法等优化方式进行有功功率的联合控制。实际运行时,可根据实际情况在两种算法中切换,无论那种算法,都要考虑电站、机组等各个方面的约束条件。对每种算法的运算周期要求小于 1 s。

4)AGC 约束条件

自动发电控制的约束条件至少包括以下诸点(不限于此):电站上、下游水位,机组气蚀区,机组振动区,机组最大负荷限制,机组开度限制,线路负荷限制,机组的当前状态(健康状态、累计运行时间、连续停机时间、相应辅助设备状态),全厂旋转备用容量,负荷调整频度最少,自动开停机频度最少和全厂耗水量最少等。其中,机组气蚀区、机组振动区和机组最大负荷限制等是随水头变化的非线性函数。

不具备自动发电控制的机组自动退出自动发电控制。自动发电控制允许运行人员通过人机接口投入或退出。

3. 自动电压控制(AVC)

1)总体要求

自动电压控制能根据电站开关站 220 kV 母线电压,对全厂无功进行实时调节,使开关站母线电压维持在给定值处运行,并使电站无功在运行机组间合理地分配。

AVC 对电站各机组无功功率的控制,按机组分别设置"联控/单控"方式。当某机组处于"联控"时,该机组参与 AVC 联合控制,当某机组处于"单控"时,该机组不参与 AVC 联合控制,但可接受其他方式控制。AVC 对机组的"联控/单控"控制方式可由电站或梯调操作员设定。

2)给定值方式

自动电压给定值方式有:母线电压限值、母线电压值和无功设定值等。各种方式切换时,应该做到无扰切换。

当采用母线电压限值方式时,AVC 应通过调整参加联合控制的机组的机端电压或无功功率,自动维持母线电压。

3)AVC 控制算法

采用自适应式 ΔQ 与 ΔU 比例算法,当开关站母线电压高于给定值时,减少电站无功;当开关站母线电压低于给定值时,增加电站无功。无功分配可按等无功功率或按等功率因素方式分配,并可根据电站无功偏差的数值,选择部分或全部的运行机组参加调节,避免机组调节频繁。算法的计算周期应小于 1 s。

4)AVC 的约束条件

电压控制的约束条件至少包括(不限于此):机组机端电压限制、定子绕组发热限制、转子绕组发热限制和机组最大无功功率限制。

4. 一次调频控制

在监控系统中投入频率校正回路,即当机组工作在协调或 AGC 方式时,由监控系统和电液调速器共同完成一次调频功能。

一次调频功能是机组的必备功能之一,不应设计为可由运行人员随意切除的方式。保证一次调频功能始终在投入状态。

机组参与一次调频的死区不超过 ±0.034 Hz。

机组参与一次调频的响应滞后时间:当电网频率变化达到一次调频动作值到机组负荷开始变化所需的时间为一次调频负荷响应滞后时间,应小于 3 s。

机组参与一次调频的稳定时间:机组参与一次调频的过程中,在电网频率稳定后,机组负荷达到稳定所需的时间为一次调频的稳定时间,小于 1 min。机组投入机组协调控制系统或自动发电控制(AGC)运行时,剔除负荷指令变化的因素。

(五)人机接口

厂站控制级应提供人机接口功能,使电站的运行操作人员、维护人员和系统管理工程师,通过操作员工作站、工程师站/培训工作站等的人机接口设备,如显示器、通用键盘、鼠标以及打印机等,实现对电站的监视、控制及管理功能。其基本功能和操作要求如下。

1. 人机接口原则

(1)操作员只允许完成对电站设备进行监视、控制调节和参数设置等操作,而不允许修改或测试各种应用软件。

(2)人机接口具有汉字显示和打印功能,汉字符合中国国家二级字库标准;汉字输入至少包括五笔、智能 ABC 汉字输入法等。

（3）人机接口操作方法简便、灵活、可靠。对话提示说明应清楚准确,在整个系统对话运用中保持一致。

（4）给不同职责的运行管理人员提供不同安全等级操作权限。

（5）画面调用方式满足灵活可靠、响应速度快的原则;画面的调出有自动和召唤两种方式,自动用于事故、故障及过程监视等情况,召唤方式为运行人员随机调用。

（6）操作过程中操作步骤尽可能少,但有必要的可靠性校核及闭锁功能。

（7）任何人机联系请求无效时显示出错信息。

（8）任何操作命令进行到某一步时,如不进行下一步操作(在执行以前)则能自动删除或人工删除。

（9）被控对象的选择和控制中的连续过程只能在同一个控制台上进行。

（10）运行人员能根据操作权限在控制台方便、准确地设置或修改运行方式、负荷给定值及运行参数限值等。

（11）运行人员能根据操作权限完成参数设值及输入点状态设值。

（12）提供面向对象显示功能。

2. 画面显示

运行人员能通过键盘或鼠标选择画面显示。画面显示功能做到组织层次清晰明了,信息主次分明,美观实用;画面图符及显示颜色定义符合中华人民共和国电力行业标准DL/T 578 有关规定。屏幕显示画面的编排至少包括时间显示区、画面静态及动态信息主显示区、报警信息显示区及人机对话显示区。

能显示的主要画面应包括各类菜单画面,电站电气主接线图(其中,主要电气模拟量应能以模拟表计方式显示),机组及风、水、油系统等主要设备状态模拟图,机组运行状态转换顺序流程图,机组运行工况图(P—Q 轨迹图),各类棒图、曲线图,各类记录报告,操作及事故处理指导,计算机系统设备运行状态图等。

画面具有动态着色显示功能。同一显示器上,能实现多窗口画面显示,对画面能实现无级缩放功能。画面的数量满足用户要求。

3. 报警

（1）当出现故障和事故时,立即发出报警和显示信息,报警音响将故障和事故区别开来。音响可手动或自动解除。

（2）报警显示信息在当前画面上显示报警语句(包括报警发生时间、对象名称、性质等),显示颜色随报警信息类别而改变。若当前画面具有该报警对象,则该对象标志(或参数)闪光和改变颜色。闪光信号在运行人员确认后方可解除。

（3）当出现故障和事故时,立即发出中文语音报警,报警内容准确和简明扼要。中文语音报警可通过人机接口全部禁止或禁止某个 LCU 单元。通过在线或离线编辑禁止或允许单个中文语音报警。

（4）具备事故自动寻呼功能(ON CALL),当出现故障和事故时,自动通知维护人员。

（5）当出现重要故障和事故时,监控系统除产生上述规定的报警外,还产生电话语音和手机短信自动报警。该报警能根据预先规定进行自动拨号，拨号顺序按从低级到高级方式进行，当某一级为忙音或在规定时间内无人接话时，自动向其高一级拨号，当对方摘机后，立即告诉对方报警内容。语音报警电话能同时拨出至少 4 个电话，电话号码与时段可重新定义。

（6）对于任何确认的误报警，运行人员可以退出该报警点。

4. 记录和打印

（1）各类操作记录（包括操作人员登录/退出、系统维护、设备操作等）；

（2）各类事故和故障记录（包括模拟量越限及系统自身故障）；

（3）各类异常报警和状变记录；

（4）趋势记录（图形及列表数据）；

（5）事故追忆及相关量记录；

（6）报表记录；

（7）各种记录、报表及曲线打印（由运行人员在控制台上选择并控制打印机打印）；

（8）画面及屏幕拷贝；

（9）汇总表记录不少于 2 万条，缺省时间为当前记录；

（10）运行人员可对各种记录根据需要进行局部打印。

报表的幅面能满足 A3 幅面的要求。报表的数量、类型及格式满足用户要求。

上述记录报表能自动分类并显示，分类类别须有：按时间、设备范围、数据类型和报警级别分类。

5. 维护和开发

提供的交互式画面编辑工具和交互式报表编辑工具具有操作方便灵活的特点及用户能够增加自定义图块或图标的手段，能直接输入中文，画面及报表中的动态数据项与数据库的连接应能通过鼠标进行。操作人员能在线和离线编辑画面、报表及所有报警信息（包括用于显示的报警信息、语音报警信息和电话语音报警信息）。具有完善的计算机系统可用性软件、优良的软件配置管理、软件接口组织以及软件可重用性构造。

（六）设备运行管理及指导

（1）历史数据库存储；

（2）自动统计机组工况转换次数及运行、停机、出线运行和停运时间累计；

（3）被控设备动作次数累计及事故动作次数累计；

（4）峰谷负荷时的发电量分时累计；

（5）事故处理指导；

（6）操作票自动生成；

（7）操作防误闭锁；

（8）操作指导。

（七）系统诊断

监控系统提供完备的硬件及软件自诊断功能，包括在线周期性诊断、请求诊断和离线诊断。诊断内容包括：

（1）计算机内存自检。

（2）硬件及其接口自检，包括外围设备、通信接口和各种功能模件等。当诊断出故障时，自动发出信号；对于冗余设备，自动切换到备用设备。

（3）自恢复功能（包括软件及硬件的监控定时器功能）。

（4）掉电保护。

（5）双机系统故障检测及自动切换。当以主/热备用方式运行的双机中的主用机故障退出运行时，备用机应能不中断任务且无扰动地成为主用机运行。

（八）系统通信

系统通信按国家有关文件要求实现与外部不同等级系统互联，其功能如下。

（1）与梯级调度计算机监控系统之间的通信。梯级调度计算机监控系统作为电站的一个控制级，与电厂计算机监控系统通信，实现电站和梯调数据的上传下达。电站在梯调控制/调节方式下，接受并执行梯调发出的控制、调节指令。两系统间的通信协议待定。

（2）与两侧电力调度系统通信。电站计算机监控系统两台厂外通信服务器分别与两省电力系统计算机进行数据通信，实现信息交换。

（3）与厂内其他系统的通信。包括：各现地控制单元、时钟同步装置（正确接收 GPS 信息，以实现本系统内各节点与系统实时时钟的同步）、电站火灾报警系统、通风控制系统、工业电视系统、水情自动测报系统、大坝安全监测系统以及其他系统。

（九）系统培训

监控系统具有操作、维护、软件开发和管理等方面的培训功能。

在培训软件运行时，其初始信息来自监控系统。培训人员在培训过程中如对某设备进行操作，相应的培训程序被启动，对运行和操作过程进行仿真模拟，但不能影响正常的生产过程。

（十）远程诊断与维护

提供的计算机监控系统具有远程诊断与维护功能，即可通过电话拨号方式连接远方计算机与电站计算机监控系统，进行在线诊断和远程维护。利用监控系统中已有的计算机节点实现该功能，软件上应使用"防火墙技术"，以防病毒侵入本系统。

二、机组现地控制单元（1LCU～5LCU）功能

（一）数据采集

（1）能自动采集 DI、SOE、AI、PI 等类型的实时数据。

（2）自动接收来自厂站控制层的命令信息和数据。

（二）数据处理

现地控制单元数据处理功能包括：对自动采集数据进行可用性检查；对采集的数据进

行数据库刷新;向上级控制层发送其所需要的信息。

（1）模拟量数据处理:包括模拟数据的滤波、数据合理性检查、工程单位变换、模拟数据变化（死区检查）及越限检查等,并根据规定产生报警和记录。

（2）状态数据处理及记录:包括防抖滤波状态输入变化检查,并根据规定产生报警和记录。

（3）事件顺序数据处理:记录各个重要事件的动作顺序、事件发生时间（年、月、日、时、分、秒、毫秒）、事件名称、事件性质,并根据规定产生报警和记录。

（4）控制命令（DO）及系统故障信息:记录 LCU 的控制命令（DO）及系统故障信息,根据规定产生报警记录并上送。

（5）计算数据:机组电流和功率不平衡度计算;功率因数计算;脉冲累积、电度量的分时累计和总计;机组电气量的综合计算;进行数字量、模拟量及允许计算点计算,用于监视、控制和报警。

（6）事故前后机组运行状况记录:对事故前后机组运行状况及主要参数应记录保存并报送厂站层归档。

（三）控制与调节

机组现地控制单元具有以下控制和调节功能。

（1）正常情况下的机组开/停机顺序控制。

（2）事故或故障情况下的事故停机和紧急停机控制。

（3）对单个具备 ON/OFF 操作的设备,要求对其实现 ON/OFF 控制操作,并须考虑安全闭锁（包括对出口断路器、隔离开关、励磁开关等控制）。

（4）机组的转速/有功功率、电压/无功功率和导叶开限能按设定值进行闭环控制。

（5）其他相关控制与操作。

（6）机组 LCU 屏上设计独立于计算机监控系统的机组水力机械事故停机和紧急停机的简易常规电气回路。当机组发生水力机械事故或按下事故停机按钮时,一方面,应将此事故信号输入计算机监控系统中,启动机组事故停机程序进行事故停机;另一方面,应启动常规水机保护,直接作用于跳机组出口断路器、机组调速器关闭导水叶和励磁系统跳灭磁开关。

（7）安全稳定自动控制:当发电机组超过规定过流/过压、过负荷,稳定储备系数超出规定范围、振动等非安全工况时,监控系统能识别并能够自动将机组拉回稳定运行工况内。

（8）下面给出一种机组的控制流程图,仅供参考,包括:机组开机流程（停机—空转—空载—发电,见图 3-1）;机组正常停机流程（发电—空载—空转—停机,见图 3-2）;机组机械事故停机流程（见图 3-3）;机组电气事故停机流程（见图 3-4）;机组紧急事故停机流程（见图 3-5）。

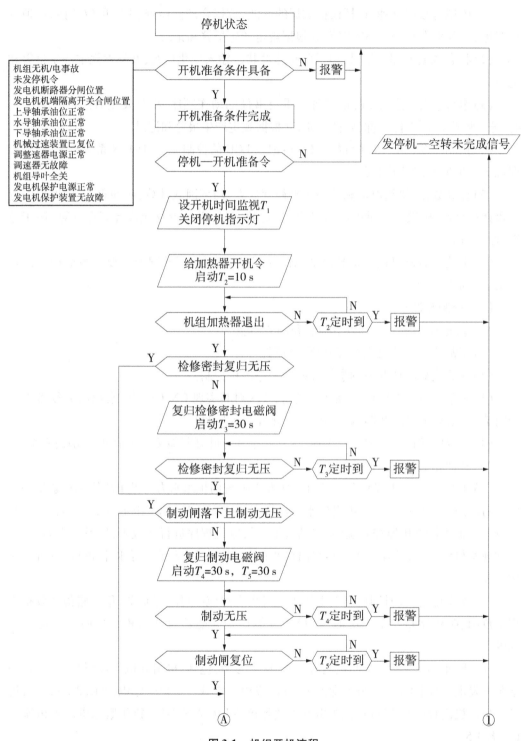

图 3-1　机组开机流程

停机—空转流程

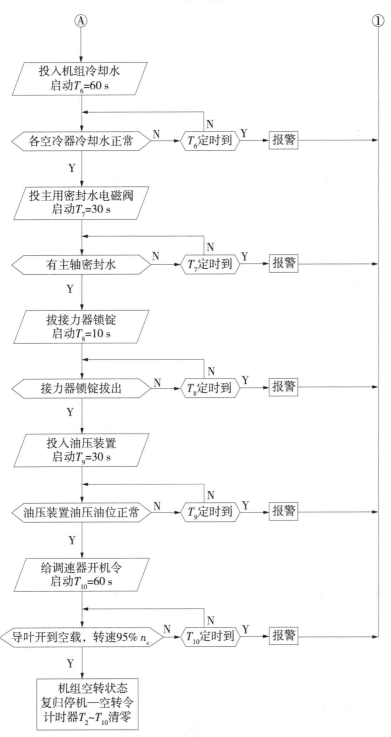

续图 3-1

空转—空载流程

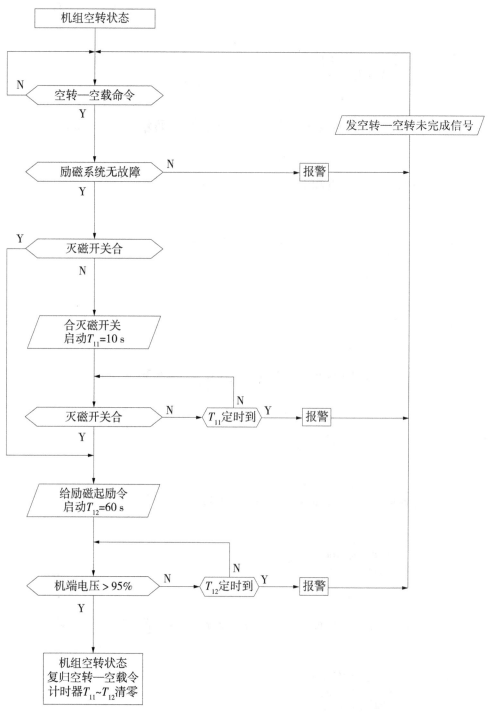

续图 3-1

空载—发电流程

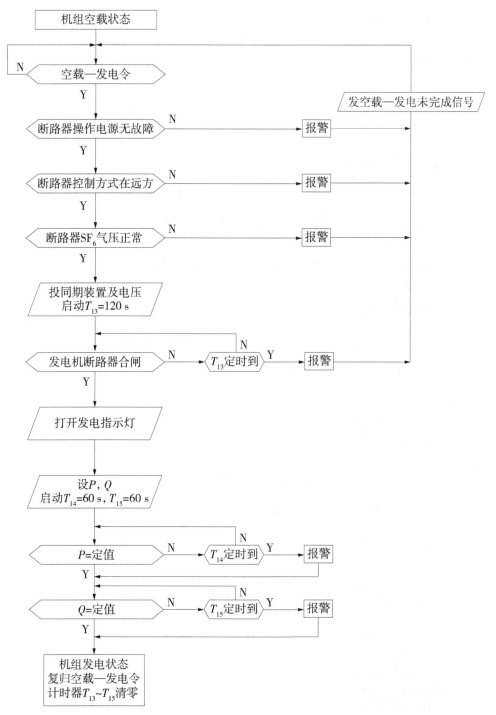

续图 3-1

发电—空载流程

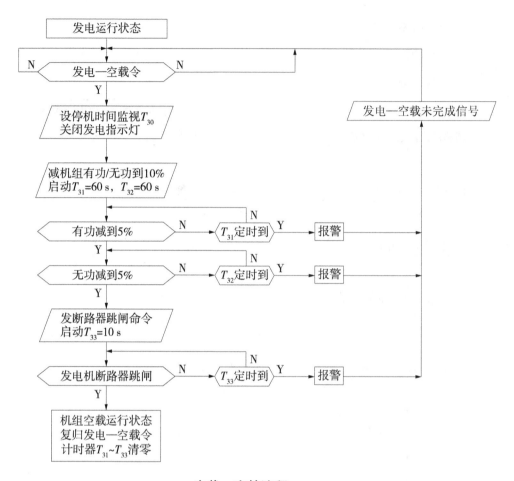

空载—空转流程

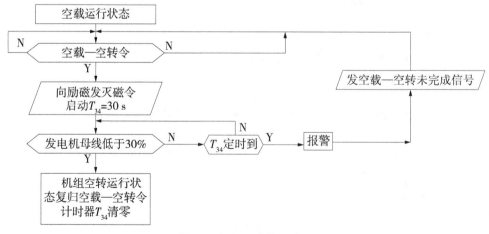

图 3-2　机组正常停机流程

空转—停机流程

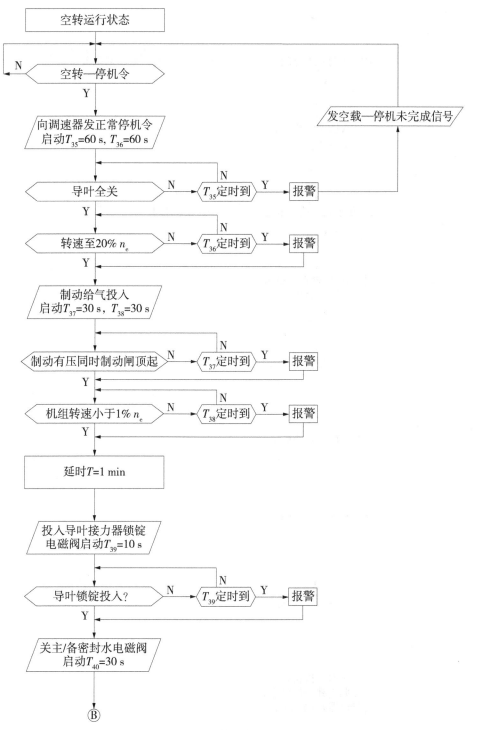

续图 3-2

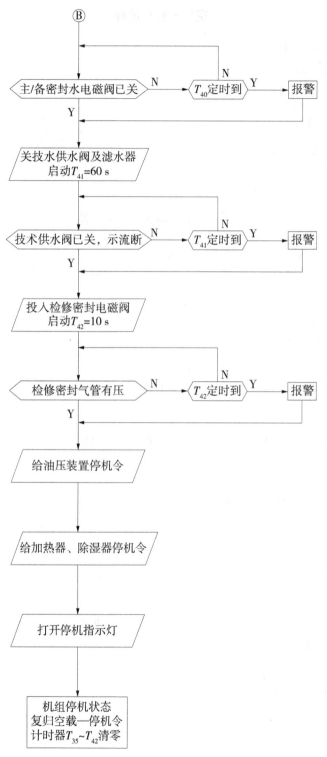

续图 3-2

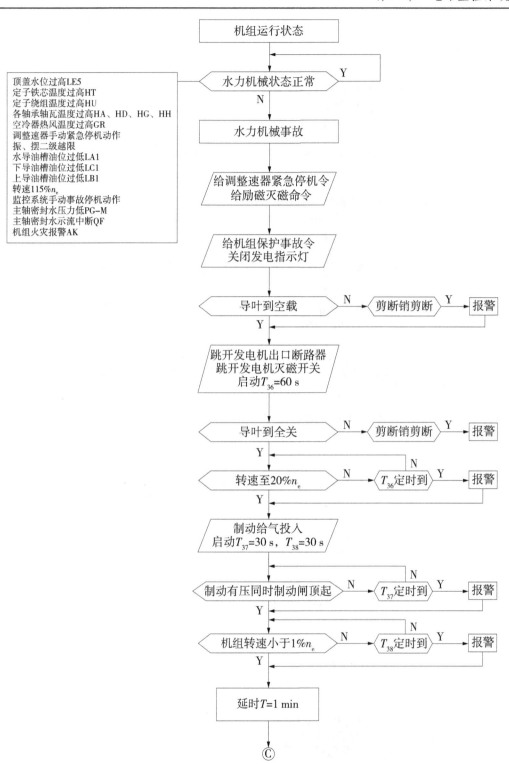

图3-3　机组机械事故停机流程

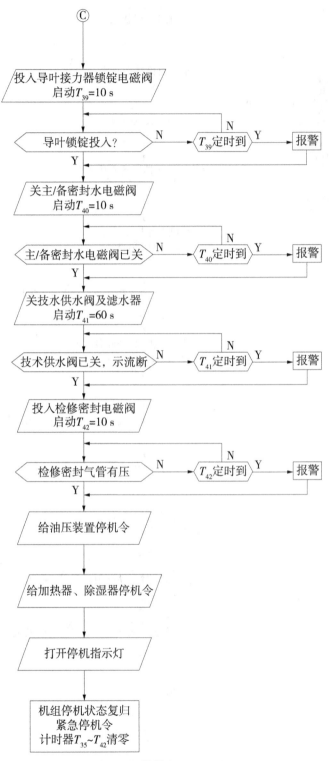

续图 3-3

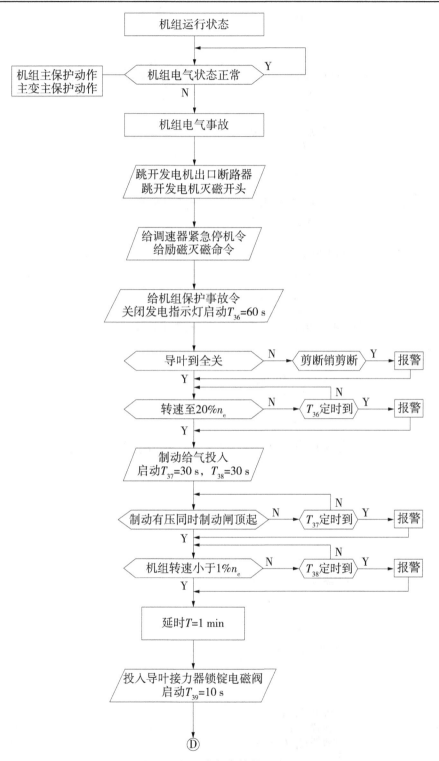

图3-4 机组电气事故停机流程

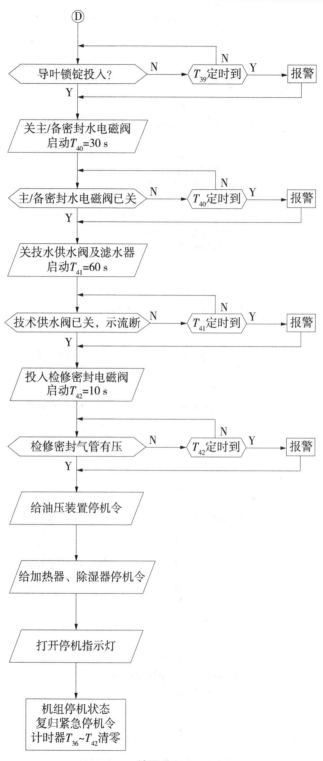

续图 3-4

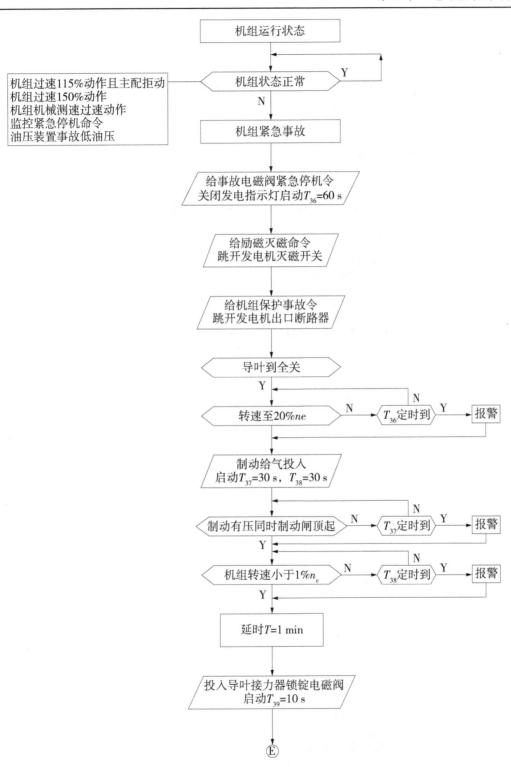

图 3-5 机组紧急事故停机流程

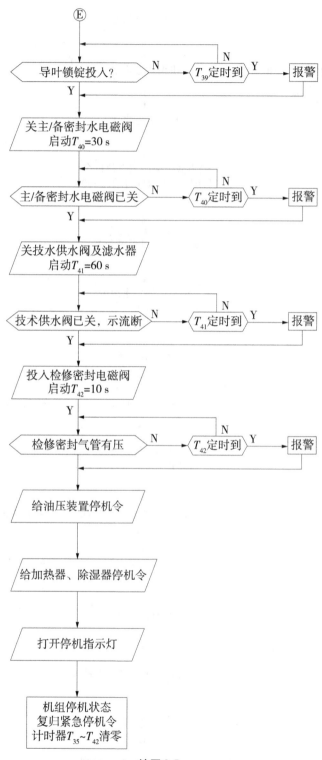

续图 3-5

（四）机组同期并网

提供两种机组同期并网方式：自动准同期和手动准同期，同期方式在现地控制单元柜上选择。在厂站级仅能采用自动准同期操作方式。

自动准同期：每套机组现地控制单元配有 1 套微机型自动准同期装置，作为机组正常同期并列之用。

手动准同期：手动准同期仅考虑在机旁进行，它借助于机组 LCU 屏，由人工实现机组同期并网，为了避免机组任何非同期并网的可能，每台机均设有同期检查继电器，作为机组并网时相角鉴定的外部闭锁。

（五）人机接口

现地控制单元级人机接口设备包括触摸显示屏、其他指示仪表、开关和按钮等。

机组现地控制单元均须配有触摸显示屏。机组现地控制单元触摸显示屏能显示机组相关画面，主要的事故、故障信号及机组 LCU 的自诊断故障等信息，当运行人员进行操作登录后，可通过触摸显示屏进行开停机操作及其他操作。

所有机组现地控制单元应具有必要的通信接口，以便能使便携式计算机接入，在进行现场调试或厂站设备故障的情况下，运行人员可通过便携式计算机实现现地控制单元级的交互式控制功能，完成对本 LCU 所属设备的相关操作和处理，以便于现场调试和保证设备的安全运行。

机组现地控制单元具有通过便携式计算机编译下装和读取控制程序的手段。

（六）通信

（1）与厂站层计算机节点的通信：实时上送采集到的各类数据，接受厂站层的操作控制命令、通信诊断。

（2）与其他现地控制单元的通信。

（3）与现地智能控制设备的通信：包括励磁控制系统、调速器控制系统和机组技术供水系统等。

（七）自诊断

提供完备的硬件及软件自诊断功能，包括在线周期性诊断、请求诊断和离线诊断。诊断内容包括：

（1）现地控制单元硬件故障诊断。可在线或离线自检设备的故障，故障诊断能定位到模块和通道。

（2）在线运行时，当诊断出故障，能自动闭锁控制出口或切换到备用系统，并将故障信息上送电站控制中心以便显示、打印和报警。

三、开关站现地控制单元（6LCU）功能

（一）数据采集

（1）能自动采集 DI、SOE、AI、PI 等类型的实时数据。

（2）自动接收来自厂站控制层的命令信息和数据。

（二）数据处理

现地控制单元数据处理功能包括:对自动采集数据进行可用性检查;对采集的数据进行数据库刷新;向上级控制层发送其所需要的信息。

(1)模拟量数据处理:包括模拟数据的滤波、数据合理性检查、工程单位变换、模拟数据变化(死区检查)及越限检查等,并根据规定产生报警和记录。

(2)状态数据处理及记录:包括防抖滤波状态输入变化检查,并根据规定产生报警和记录。

(3)事件顺序数据处理:应记录各个重要事件的动作顺序、事件发生时间(年、月、日、时、分、秒、毫秒)、事件名称、事件性质,并根据规定产生报警和记录。

(4)控制命令(DO)及系统故障信息:记录LCU的控制命令(DO)及系统故障信息,并根据规定产生报警记录并上送。

(5)计算数据:线路电流和功率不平衡度计算;线路功率因数计算;线路脉冲累积、电度量的分时累计和总计并记录,以及越限报警等;线路电气量的综合计算;进行数字量、模拟量及允许计算点计算,用于监视、控制和报警。

(6)事故前后机组运行状况记录:对事故前后主设备运行情况及线路主要参数记录保存并报送厂站层归档。

（三）控制操作

(1)220 kV断路器跳/合;

(2)隔离开关及接地刀闸的操作分/合;

(3)其他相关控制与操作。

（四）同期并网

现地控制单元配有1套微机型多点自动准同期装置,作为5个进线和3个出线断路器同期并列之用,同时配有同期智能控制操作箱,完成同期电压的选择和切换。

（五）人机接口

6LCU人机接口设备包括:触摸显示屏、其他指示仪表、开关和按钮等。

触摸显示屏能显示开关站模拟画面、主要电气量测量值,当运行人员进行操作登录后,可通过触摸显示屏进行断路器、隔离刀闸及接地刀闸的跳/合操作及其他操作。

6LCU具有必要的通信接口,以便能使便携式计算机接入,在进行现场调试或厂站设备故障的情况下,运行人员可通过便携式计算机实现现地控制单元级的交互式控制功能,完成对本LCU所属设备的相关操作和处理,以便于现场调试和保证设备的安全运行。

6LCU具有通过便携式计算机编译下装控制程序的手段。

（六）通信

(1)与厂站层计算机节点的通信:实时上送采集到的各类数据、接受厂站层的操作控制命令、通信诊断。

(2)与其他现地控制单元的通信。

（七）自诊断

提供完备的硬件及软件自诊断功能,包括在线周期性诊断、请求诊断和离线诊断。诊断包括如下内容。

（1）现地控制单元硬件故障诊断：可在线或离线自检设备的故障，故障诊断能定位到模块和通道。

（2）在线运行时，当诊断出故障，能自动闭锁控制出口或切换到备用系统，并将故障信息上送电站控制中心以便显示、打印和报警。

四、公用设备现地控制单元（7LCU）功能

（一）数据采集

（1）能自动采集 DI、SOE、AI、PI 等类型的实时数据。

（2）自动接收来自厂站控制层的命令信息和数据。

（二）数据处理

现地控制单元数据处理功能包括：对自动采集数据进行可用性检查；对采集的数据进行数据库刷新；向上级控制层发送其所需要的信息。

（1）模拟量数据处理：包括模拟数据的滤波；数据合理性检查；工程单位变换；模拟数据变化（死区检查）及越限检查等，并根据规定产生报警和记录。

（2）状态数据处理及记录：包括防抖滤波状态输入变化检查，并根据规定产生报警和记录。

（3）事件顺序数据处理：记录各个重要事件的动作顺序、事件发生时间（年、月、日、时、分、秒、毫秒）、事件名称、事件性质，并根据规定产生报警和记录。

（4）控制命令（DO）及系统故障信息：记录 LCU 的控制命令（DO）及系统故障信息，并根据规定产生报警记录并上送。

（5）计算数据：线路电流和功率不平衡度计算；线路功率因数计算；线路脉冲累积、电度量的分时累计和总计并记录，以及越限报警等；线路电气量的综合计算；进行数字量、模拟量及允许计算点计算，用于监视、控制和报警。

（6）事故前后机组运行状况记录：对事故前后主设备运行情况及线路主要参数应记录保存并报送厂站层归档。

（三）控制操作

（1）10 kV 断路器跳/合；

（2）0.4 kV 断路器跳/合；

（3）其他相关控制。

（四）人机接口

人机接口设备包括触摸显示屏、其他指示仪表、开关和按钮等。

触摸显示屏能显示其监控范围内的厂用电接线画面、显示主要电气量测量值和开关的运行状态。当运行人员进行操作登录后，可通过触摸显示屏进行其监控范围内的厂用电开关的跳/合、倒闸及其他操作。

7LCU 具有必要的通信接口，以便能使便携式计算机接入，在进行现场调试或厂站设备故障的情况下，运行人员可通过便携式计算机实现现地控制单元级的交互式控制功能，完成对本 LCU 所属设备的相关操作和处理，以便于现场调试和保证设备的安全运行。

7LCU 具有通过便携式计算机编译下装控制程序的手段。

（五）通信

（1）与厂站层计算机节点的通信：实时上送采集到的各类数据、接受厂站层的操作控制命令、通信诊断。

（2）与其他现地控制单元的通信。

（3）与其他全厂辅助系统的通信：副安装厂下排水及中压空压机系统、主安装厂下排水及低压空压机系统、右岸消力池排水控制系统和底孔闸门控制系统等的串行通信。

（4）与直流系统的串行通信。

（六）自诊断

提供完备的硬件及软件自诊断功能，包括在线周期性诊断、请求诊断和离线诊断。诊断内容如下。

（1）现地控制单元硬件故障诊断：可在线或离线自检设备的故障，故障诊断能定位到模块和通道。

（2）在线运行时，当诊断出故障，能自动闭锁控制出口或切换到备用系统，并将故障信息上送电站控制中心以便显示、打印和报警。

第四节　硬件要求

由于参考的工程已过去几年了，有些设备，特别是计算机参数有了很大的改变，以下参数仅供参考，可在提高和保证系统可靠性和先进性的基础上提出配置。

一、硬件平台环境

为了提高系统的可维护性和可利用率，减少人员培训费用和系统维护费用，便于调试及运行人员掌握系统，整个系统尽量采用相同类型的硬件平台。

为了满足系统实时性要求和保证系统具有良好的开放性，硬件平台将最大限度地采用现在流行的且严格遵守当今工业标准的产品，以便为应用开发提供最大的灵活性和使系统能够方便地升级，从而达到保护用户对系统初期投资的目的。

二、主控级硬件配置及要求

厂站设备至少具有以下具体配置（但不限于此）。

（一）网络设备

网络要求冗余工业以太双环网，采用多模光纤通信介质。提供网络通信所需的所有硬件、软件、连接线缆以及整个安装和运行系统所需的其他设备。

（1）系统采用工业以太双环网方案。采用 TCP/IP 协议，遵循 IEEE802.3 标准，传输速率不低于 100 Mb/s，传输介质采用光纤。在中央控制室和各个现地控制单元之间采用多模光纤环网，当环网发生一个光纤断点时，网络能够在小于 500 ms 的时间内被查出，并且将数据切换到冗余通道,恢复正常工作。

(2)网络交换机要求上位机采用 MICE3000 系列或同档次的产品,现地控制单元采用 RS2 系列产品。

(3)各交换机均采用双电源冗余输入,各现地单元的交换机安装在现地 LCU 内,与站控级设备相联的交换机安装在计算机室,交换机均采用导轨方式安装,无风扇散热方式。

(4)各光纤交换机须采用一体化结构或机架式结构,即光纤收发器是与交换机集成一体,以确保可靠性要求,所有交换机为工业级产品,重负荷设计,电磁兼容性指标等满足工业要求。所有网络交换机设备在常温下 MTBF(平均无故障时间)均要求在 10 年以上。

(5)所有交换机采用统一的基于 SNMP(简单网络管理协议)和 RMON(远程监控系统协议)的网络管理,并且具有自身网管软件,采用 OPC(动态过程控制)通信方式将网络设备的状态信息传递到计算机监控系统软件中。

(6)整个通信网络的交换机端口要有根据网卡 MAC 地址设置保护,防止非法上网的功能。

(7)具有扩展性和好的兼容性,系统可以通过 FLASH ROM 更新交换机的功能。

(8)交换机的保护等级为 IP20。

(二)系统主工作站(2 台配置相同)

配置 2 台系统主工作站,以主备方式运行,主要负责厂站层数据库的数据采集及处理,高级应用软件的运行、系统时钟管理等。

主工作站采用国际知名厂商生产的 64 位高性能、高可靠性工作站,每台工作站的具体配置要求如下:

CPU	2 个
主频	≥1.6 GHz,RISC 结构
内存	≥2 GB
硬盘	≥250 GB
高速缓存	≥1 MB
DVD 光驱	16×DVD－ROM
USB 接口	6 个
串行口	1 个
并行口	1 个
100 M 以太网接口	2 套
显卡	1 块
彩色液晶显示器	1 台,≥21″,分辨率≥1 600×1 200
通用键盘和鼠标	各 1 个
操作系统支持	采用 UNIX(预装 Solaris10 和 Java Enterprise System)
图形界面支持	OSF/Motif,X－Window
汉化功能	符合国标 GB 2312—80,支持双字节的汉字处理能力;命令和实用程序及 Motif 图形界面有相应的汉字功能
电源	冗余的、可热插拔的电源模块;硬件支持掉电保护和电源恢复后

的自动重新启动功能

系统主工作站布置于计算机室。

(三)操作员工作站(2 台配置相同)

系统设置 2 台操作员工作站,以并行方式工作,每个操作员工作站配置 2 台液晶显示器。主要作为操作员人机接口工作台,负责监视、控制及调节命令发出、记录打印等人机界面(MMI)功能。

操作员工作站采用国际知名厂商生产的 64 位高可靠性工作站,每台工作站的具体配置要求如下:

CPU	1 个
主频	≥1. 6 GHz,RISC 结构
内存	≥2 GB
硬盘	≥250 GB
高速缓存	≥1 MB
DVD 光驱	16 × DVD – ROM
USB 接口	6 个
串行口	1 个
并行口	1 个
100 M 以太网接口	2 套
显卡	2 块
彩色液晶显示器	2 台,≥21″,分辨率≥1 600 × 1 200
通用键盘和鼠标	各 1 个
操作系统支持	采用 UNIX(预装 Solaris10 和 Java Enterprise System)
图形界面支持	OSF/Motif,X – Window
汉化功能	符合国标 GB 2312—80,支持双字节的汉字处理能力;命令和实用程序及 Motif 图形界面都应有相应的汉字功能
电源	硬件应支持掉电保护和电源恢复后的自动重新启动功能

操作员工作站布置于中控室。

(四)工程师/培训工作站(1 台)

系统配置 1 台工程师站,该节点主要负责系统的维护管理、功能及应用的开发、程序下载等工作。此外,工程师站还须具有操作员工作站的所有功能。

具体配置除显卡及显示器为 1 个外,其余配置和操作员工作站配置相同。此外,工程师站将作为远程诊断接入点,还需配置 Modem 1 个(内置或外置)。另外,DVD 光驱改为DVD 光刻录机。

工程师/培训工作站布置于计算机室。

(五)梯调网关工作站(2 台配置相同)

系统配置 2 台梯调网关工作站,以主备方式运行,并能无扰切换,该节点主要负责和梯级调度计算机监控系统的通信。通信协议规约与梯级调度端商定。该节点上需配置"防火墙"功能。

梯调网关工作站采用高性能的品牌工控微机,具体配置如下:

CPU	P4,32 位
主频	≥2.8 GHz
内存	≥1 GB(可扩展)
硬盘	≥160 GB(可扩展)
DVD 光驱	≥16 倍速
串行口	8 个
并行口	1 个
USB 口	4 个
100 M 以太网接口	4 个
彩色液晶显示器	1 套,≥21″,分辨率≥1 600×1 200
通用键盘和鼠标	各 1 个
操作系统支持	汉化 UNIX 或 WinNT
图形界面支持	多窗口画面 OSF/Motif,X – Window
汉化功能	符合国标 GB 2312—80,支持双字节的汉字处理能力;命令和实用程序及 Motif 图形界面有相应的汉字功能
电源	硬件支持掉电保护、承受电压扰动和电源恢复后的自动重新启动功能

其他必须配置的硬件和软件。

网关工作站的硬件配置及操作系统虽有上述要求,但并不限于此,可根据自己的经验选择其他网络产品。

网关工作站布置于计算机室。

(六)厂内通信服务器(1 台)

系统配置 1 台厂内通信服务器,该节点主要负责和厂内自成体系的系统进行数据通信,包括电站通风控制系统、火灾报警系统、继电保护和故障录波系统、水情测报系统、机组状态监测系统和大坝监测系统等,并预留与电力市场竞价上网系统等的通信接口及与模拟屏的通信接口,支持多种通信规约及通信方式。

采用高性能的品牌工控微机。具体配置如下:

CPU	P4,32 位
主频	≥2.8 GHz
内存	≥1 GB(可扩展)
硬盘	≥160 GB(可扩展)
DVD 光驱	1 个,≥16 倍速
USB 接口	至少 2 个
彩色液晶显示器	1 台,≥21″,分辨率≥1 600×1 280
串行口	2 个
并行口	1 个
多串口卡及附设	2 套

100 M 以太网接口　　2 套

通用键盘和鼠标　　各 1 个

操作系统　　　　　　汉化 Windows 或（和）UNIX

厂内通信工作站布置于计算机室。

（七）厂外通信服务器（4 套）

电站监控系统与两电网调度中心均采用数字方式通信：通过交换机、路由器等设备与电力调度专用数据网之间进行数据通信。电站监控系统需设置厂外通信服务器（调度通信接口设备），设备包括：高性能的工业型远动通信装置 1 套、交换机 2 套、路由器 1 套，并需按照国家经贸委最新颁布的《电网和电厂计算机监控系统及调度数据网络安全防护规定》及电力系统有关"发电厂二次系统安全防护指南"和"电力二次系统安全防护总体方案"的最新文件和规定的要求进行软、硬件隔离，配置调度专用的纵向安全隔离设备 1 套。

对两侧电网调度中心分别设置的调度通信接口设备分别安装在 1 个通信机柜内，并需配置 1 台电力专用逆变装置对柜内设备供电。

1. 远动通信装置

远动通信装置必须是以嵌入式工业控制模件（PC/104）为核心，为了保证通信的安全可靠，远动通信装置不能采用机械式硬盘作为存放程序和运行参数的介质，而是用具有 8 MB 及以上的电子盘存放程序和运行参数。其具有至少 4 个网络通信 RJ45 接口，4 个串口，4 个以太网接口，2 个分别与监控系统中的主交换机相连，另外 1 个通过通信交换机和路由器与调度中心连接。

远动通信装置内置串口接口板、以太网卡、MODEM 板（含通道防雷器）及通道切换装置。通过 MODEM 可以与网调、中调、地调进行模拟通信；通过 RS232 口及 G. 703/64K 数字接口转换装置可以与网调、省调、地调进行数字通信。

远动通信装置具有远动数据处理及通信功能。数据处理及通信装置按照直采直送原则，直接接收来自间隔层的 I/O 数据，进行处理后按照多级调度端不同的远动通信方式及通信规约完成与多个调度端的数据交换。还预留 1 个与交换机、路由器连接的以太网接口，以适应远动信息通过电力调度数据网上传。

远动通信装置需采用具有实时操作系统 VxWorks 的嵌入式多任务通信控制装置。同时，远动通信装置具有完善的 GPS 对时子系统，具有 8 个对时报文串口或秒脉冲对时总线。通过 CANBUS 现场总线及其他串口向测控单元和保护单元等发送对时报文，使站内时间保持统一。

远动通信装置需具有实时显示单元，该单元选用彩色液晶屏，可以实时显示系统运行工况、系统主接线图以及各种数据信息等，并可以在显示屏上完成校时和遥控操作。

远动通信装置主要技术数据：

（1）通信接口：2 个 RS232 接口、16 个 RS422/RS485/RS232（可扩充）、2 个 Canbus 接口、4 个以太网接口。

（2）可支持通信协议：IEC60870 - 5 - 101、IEC60870 - 5 - 103、IEC60870 - 5 - 104、DNP3. 0、Sc1801、u4F、ModBus、SpaBus、M - Link +、CDT。

(3)通信速率:

串行口接口 RS232/422/485	300～57.6 kb/s
CanBus 接口	10～125 kb/s
Ethernet 接口	10/100 Mb/s

(4)工作电源:　　　　　　　　AC 220 V±20%

(5)使用环境:

环境温度	-30～60 ℃
相对湿度	5%～95%
大气压力	80～110 kPa

(6)实时数据容量:

遥测量	2 048(可扩展)
遥信量	4 096(可扩展)
电度量	512(可扩展)
遥控量	1 024(可扩展)
遥调量	64(可扩展)

历史数据容量:

遥信变位记录	2 048
事件顺序记录	2 048
遥控操作记录	1 024

2. 通信交换机

交换能力不小于 8 Gb/s,包转发能力不小于 6 Mb/s

DRAM≥64 MB,Flash≥16 MB

100 M 用户端口:24 个,可扩

具有较强的扩展性和容错能力

支持 SNMP、RMON 网络管理

具备 VLAN 划分及管理

支持多层交换、动态路由

3. 路由器

可扩插槽:4 个

快速局域网口:6 个

广域网口(E1):4 个,可扩

冗余电源

具备 VPN 划分及管理功能

支持 VPN 协议包括:MPLS、GRE、IPsec

4. 纵向安全隔离装置(纵向认证加密装置)

纵向认证加密装置用于监控系统(安全区Ⅰ)的广域网边界保护,作用之一是为本地安全区Ⅰ提供一个网络屏障,类似过滤防火墙的功能;作用之二是为广域网通信提供具有认证与加密功能,实现数据传输的机密性、完整性保护。

纵向认证加密装置之间支持基于数字证书的认证,对传输的数据通过数据签名与加密进行数据真实性、机密性、完整性保护;数据加密算法采用国家有关部门指定的电力专用加密算法。

性能适应监控系统的业务要求与网络特性,满足数据通信的要求。

纵向认证加密装置采用固化安全操作系统内核、非 Intel 指令集,通过公安部安全产品销售许可,获得国家安全权威机构安全检测证明,并通过电力行业的电磁兼容性检测。

5. 电力专用逆变电源装置

19″2U 机架式单进单出交直流逆变电源,容量为 1 kVA,输入为 220 VAC/220 VDC,输出为 220 VAC。须具有通信接口与监控系统通信,将交直流逆变电源的信息上送至电力系统及电站监控系统。

2 面厂外通信服务器盘布置于继保室。

(八)语音报警服务器(1 台)

该工作站还具有语音报警、电话查询和事故自动寻呼(ON – CALL)等功能。

采用高性能的品牌工控微机。具体配置如下:

CPU	P4,32 位
主频	≥2.8 GMHz
内存	≥1 GB(可扩展)
硬盘	≥160 GB(可扩展)
DVD 光驱	1 个,≥16 倍速
USB 接口	至少 2 个
彩色液晶显示器	1 台,≥21″,分辨率≥1 600 × 1 280
串行口	2 个
并行口	1 个
100 M 以太网接口	2 套
通用键盘和鼠标	各 1 个
操作系统	汉化 Windows 或(和)UNIX

通信工作站布置于计算机室。

(九)打印设备

打印设备将配置 2 台 A3 幅面网络型双面黑白激光打印机和 2 台 A4 幅面网络型双面彩色激光打印机。

1. 黑白激光打印机

黑白激光打印机主要用于打印各类文件报表和信息,具体配置要求如下:

带有汉字库	符合国标 GB 2312—80
分辨率	≥1 200 dpi
打印尺寸	A3
打印速度	≥22 ppm
打印形式	双面打印
打印接口	标准并口,1 个 10/100 M 以太网接口

2. 彩色激光打印机

彩色激光打印机主要用于打印画面、报表等,具体配置要求如下:

内存　　　　　　　≥96 MB

汉字库　　　　　　外加 GB 2312 汉字库

分辨率　　　　　　≥600 dpi

打印尺寸　　　　　A4

打印速度　　　　　22 ppm

打印设备布置于计算机室。

(十)模拟屏及模拟屏驱动器

系统配置 1 套模拟屏及模拟屏驱动器,模拟屏驱动器从监控系统中获取信息并驱动模拟屏反映运行状况及主要参数。

1. 模拟屏驱动器

模拟屏驱动器应采用专用一体化驱动器,驱动器配置要求如下:

100 M 以太网接口　　　2 套

串行口　　　　　　　　至少 2 个

其他必需设备。

2. 模拟屏

(1)采用镶嵌式马赛克模拟屏,屏面形状采用弧形面 $R = 8$ m,屏面尺寸为宽×高 = 8.5 m×2.7 m,底边距地面 0.6 m。

(2)整个模拟屏静态显示电气主接线图,同时镶嵌另外采购的工业电视监视器,应负责做好监视器安装支架。

(3)示图用光带、发光字牌、字符显示窗和数字显示窗等元素及这些元素的组合来制作。

(4)被观察的信号密度、图和字符以及各种指示灯的面积应美观合理。

(5)提供足够的色差使操作员可以很容易区别模拟屏上的不同部分。

(6)本体为浅灰色,设备范围为乳白色。颜色交界面用嵌拼示工艺或染色处理。

(7)发光元件等电器元件的界限需用接插件,紧密牢固连接,维护方便。发光期间为高亮度发光 LED,红(接通)、绿(断开)、橙(检修)三色以及熄灭 4 种状态。

(8)动态显示电站采集的信号包括用数字显示电站总有功、无功、安全运行天数、上下游水位,机组三相电流、电压、有功功率、功率因数;线路三相电流、功率;220、15.75、10.5、0.4 kV 母线电压、频率、厂用电系统参数。用 LED 信号灯显示机组运行状态和电气主接线上的断路器、隔离开关位置,机组电气、机械总事故,这些信号按电气主接线进行表现。

模拟屏及模拟屏驱动器布置于中控室。

(十一)同步时钟系统

计算机监控系统通过接收时钟同步装置的时钟同步信息,以保持全系统的时钟同步。同步时钟系统与系统服务器和操作员工作站采用串口连接对时,系统服务器与各现地控制单元有定期的对时报文。同时,同步时钟系统还为每一个现地控制单元发出分脉冲同步信号。另外,该装置应向站内故障录波装置、微机自动装置、微机保护装置等发送同步信号。

同步时钟系统能接受 GPS 及北斗星的信号,面对各类需要对时的接口设备,要求系统能适应不同接口设备的要求:如要求高精度的设备则采用脉冲方式;对于进口设备采用 IRIG – B(Inter – Range Instrumentation Group – B)码(短距离用 DC,长距离用 AC);提供至少有 2 个 RS232 串行口和 48 个以上脉冲信号的同步时钟,提供同步对时系统及相应连接电缆,其系统由天线、接收机、守时钟、扩展箱及时间信号传输通道等组成。应有措施避免卫星失锁造成的时间误差。系统应采用模块化结构,便于扩展。串行信号用于数据服务器对时,脉冲信号用于 LCU 对时。在各 LCU 中,该脉冲信号应被扩展成不少于 8 个且相互独立的脉冲信号,分别用于 CPU 对时及智能现地设备的对时。主机具有防雷保护功能,主机天线为防雷设计;主机和扩展箱具有电源中断、外部时间基准信号消失和设备自检出错告警功能。

系统性能要求如下:

捕获时间	20 s ~ 15 min
天线接收灵敏度	– 166 dbm
时间精度	± 1.0 μs;
天线最大长度	转接后最远传输距离 ≥ 1 000 m
总线长度	最远 1 800 m,总线采用 8 芯屏蔽双绞线,DB9 接口形式
总线时延	< 30 ns
串口 RS232/RS485	可设置,波特率 1 200、2 400、4 800、9 600 可选
PPS/PPM/PPH 脉冲	可设置

具有网络接口。

(十二)UPS 及配电设备

提供 2 套电力专用不间断逆变电源,并联冗余,不含电池,含并联模块及输入输出隔离变压器及配电柜,作为电站监控系统厂站层设备电源。其内部直流稳压电源应有过压过流保护及电源故障信号,交流电源输入回路应有隔离变压器和抑制噪声的滤波器。

两套 UPS 以并列热备方式运行,采用电子式切换,任何 1 套 UPS 故障,不影响电站监控系统所有设备的正常运行。每套 UPS 其具体技术参数如下:

容量	≥ 10 kVA,外部停电时应维持 2 h 供电容量;
输入电压	380 V AC,三相,50 Hz,电压波动范围: – 10% ~ + 15% ,厂用 220 V DC
电压波动范围	– 20% ~ + 10%
输出电压	220 V AC ± 2% ,50 Hz
输出电压畸变率	带 100% 线性负载时,≤ 2% ;带 100% 非线性负载时,≤ 3%

不间断电源 UPS 布置于继电保护盘室。

(十三)便携式计算机(2 台相同)

系统配置 2 台便携式计算机,用来调试现地 LCU 及其他相关智能设备。其调试软件及相关智能设备由厂商提供。采用知名品牌产品,并配置有监控系统各有关设备调试软

件,配置要求如下:

品牌	IBM、DELL 或 HP
CPU	32 位,P4
主频	≥2.8 GHz
内存	1 GB
硬盘	1 个,≥80 GB
彩色 TFT	≥15″,分辨率≥1 600×1 280
DVD 光驱	1 个,≥8 倍速
内置网卡	1 块,10/100 M 以太网接口
内置 MODEM	1 个,≥56 kb/s

其他为标准配置。

(十四)控制操作台和计算机台

提供控制操作台包括 1 套控制操作台、1 套计算机台及 10 把椅子。

操作员控制台将布置在中控室:操作员工作站 2 台、另外采购的消防报警工作站 2 台、工业电视监控站 2 台和调度值班主机 2 台。计算机台将布置在计算机室,放置系统主工作站 2 台、工程师/培训工作站 1 台、梯调网关工作站 2 台、通信服务器 3 台、语音报警服务器 1 台及打印机等。要求如下:

(1)操作员控制台和计算机台的结构应相似,材料可不同。

(2)显示器布置不得有碍操作人员对模拟屏的监视。

(3)显示器方位、角度、距离给操作人员最佳监视效果,显示器有遮除眩光的措施。

(4)键盘布置在合适的高度,和显示器方位一致。

(5)控制操作台上有一定的平面给操作人员搁置文件。

(6)控制操作台上的人机接口设备及电缆连接应能方便地拆卸更换。

(7)控制操作台上能布置打印设备。

三、现地控制单元硬件配置及要求

本电站现地控制单元 LCU 包括 5 套机组 LCU(1LCU~5LCU)、1 套 220 kV 开关站 LCU(6LCU)、1 套公用 LCU(7LCU)。

现地控制单元主控制器采用双 CPU 模块、双电源模块、双网络模块和双现场总线模块,每个 I/O 模块采用双电源模块(供电)。主控制器采用满足所有监控功能,并具有丰富的水电运行经验的施奈德(Quantum unity 系列)或优于此产品的产品,全部模块采用标准化模块,SOE 功能必须由 PLC 专用 SOE 功能模块实现,温度测量全部采用 PLC 专用 RTD 测温模块实现,所有 I/O 模件或其他模件与 CPU 模件为同一系列产品,均满足带电热插拔要求,输出模块故障可预定义。LCU 方便地与采用不同规约现场总线的现场设备通信。

LCU 具有智能性和可编程能力,冗余的双 CPU 构成现役的和热备用单元。热备用单元应连续监视现役单元,并同时更新存贮器的内容。当现役单元的 CPU 或存贮器故障时,通过自动切换装置将 LCU 的监视和控制功能自动切换到热备用单元,热备切换应在 1 个扫描周期以内。

2 个 CPU 以主/热备用方式运行,每个 CPU 支持相同的应用程序和网络配置。CPU 负载率不应大于 50%(负荷率统计周期为 1 s)。CPU、电源、I/O 模板、智能模板和网络通信模板均支持热插拔,以保证系统的维护方便。

现地控制单元须设置人机界面,界面介质须采用触摸屏,触摸屏采用串行口与现地 LCU 连接(触摸屏需具有 MB + 接口,采用 MB + 现场总线与 PLC 连接,并需充分考虑双 CPU 冗余结构)。

每台 LCU 须保留专用的接口,以便能使便携式计算机接入,对 LCU 进行更深一步的调试和监控。

现场总线须采用工业标准总线结构。在具体配置每个 LCU 时,或在考虑 LCU 与其他智能设备连接时,尽可能地使用现场总线技术。

现地控制单元盘柜内装设 2 个开关电源装置,分别由一路 220 VAC 和一路 220 VDC 供电,采取并列方式工作。220 VAC 取自厂用电系统,220 VDC 取自直流电源系统。每个开关电源装置的输出均配置有自己的隔离元件,再汇接形成直流小母线,主控制器、I/O 模块等经微型空气开关接入直流小母线。具有掉电保护功能和电源恢复后的自动重新启动功能。

LCU 能实现时钟同步校正,其精度应与时间分辨率配合。

(一)机组 LCU(1LCU ~5LCU)

机组 LCU 由主控制器和 I/O 模块组成,主控制器配置为 2 套完全冗余的,每个主控制器包含 CPU 模件、电源模件、现场总线模件和网络模件等。2 套完全冗余的主控制器工作方式为在线热备,切换无扰动。

提供 5 套机组 LCU。每套具体配置如下:

主机架	2 个
CPU 模件	2 个,32 位
主频	≥266 MHz
内存	≥4 MB
100 M 网络接口	2 个
现场总线设备	2 套
电源模件	2 套
I/O 模件	根据 I/O 统计表配置
温度测量模件	根据 I/O 统计表配置
串行口	≥8 个
现地终端(彩色液晶触摸屏)	1 套,≥15″,分辨率 1 280 × 1 024(须具有 MB + 接口)
交流采样装置	1 套,0.2 级;测量包括电流、电压,有功功率、无功功率、功率因数、频率等

每 1 个机组现地控制单元须装设 1 套独立于计算机监控系统外的紧急停机按钮及其

常规控制设备。

每1个机组现地控制单元内分别设置1套微机自动准同期装置和1套手动准同期装置。微机自动准同期装置作为正常同期并网时使用,手动准同期装置用于人工实现同期并网。同期装置选用先进成熟的国内或国际知名品牌的产品。

1. 微机自动同期装置性能要求

允许压差设定值应是可调的,调整范围为 0~10 V。

允许相差设定值应是可调的,调整范围为 0~10°。

允许频差设定值应是可调的,调整范围为 0~0.5 Hz。

恒定越前时间应是可调的。

电压升/降输出信号时间应是可调的,调整范围为 0.1~2 s。

电压升/降输出信号间隔时间应是可调的,调整范围为 1~6 s。

速度增/减输出信号时间应是可调的,调整范围为 0.1~0.5 s。

设置1个自动准同期装置投/切开关。

2. 手动准同期装置包括的设备

1个机组和断路器对侧电压的同期电压表

1个机组和断路器对侧电压的同期频率表

1个同步表及同步表投/切开关

1个断路器跳/合开关

1套继电器

1个同期检测继电器(用于机组并网时相角闭锁):该继电器应具有在系统无压或在断路器两侧无压的情况下,允许断路器合闸的特性

机组 LCU 布置于主厂房发电机层上游侧各自机组对应位置。

(二)开关站 LCU(6LCU)

开关站 LCU 由主控制器和 I/O 模块组成,主控制器配置为 2 套完全冗余的,每个主控制器包含 CPU 模件、电源模件、现场总线模件和网络模件等。2 套完全冗余的主控制器工作方式为在线热备,切换无扰动。

应提供1套开关站 LCU,具体配置要求如下:

主机架	2 个
CPU 模件	2 个,32 位
主频	≥266 MHz
内存	≥4 MB
100 M 网络接口	2 个
现场总线设备	2 套
电源模件	2 套
I/O 模件	根据 I/O 统计表配置
串行口	≥8 个
现地终端(彩色液晶触摸屏)	1 套,≥15″,分辨率 1 280×1 024(须具有 MB+接口)
交流采样装置	8 套,0.2 级;测量包括电流、电压,有功功率、无功功

率、功率因数、频率等

现地控制单元内应设置 1 套微机自动准同期装置和 1 套同期智能控制操作箱,同期对象为 8 个对象。同期装置选用先进成熟的国内或国际知名品牌产品。

微机自动同期装置性能要求:

允许压差设定值应是可调的,调整范围为 0 ~ 10 V。

允许相差设定值应是可调的,调整范围为 0° ~ 10°。

允许频差设定值应是可调的,调整范围为 0 ~ 0. 5 Hz。

设置 1 个自动准同期装置投/切开关。

开关站 LCU 布置于 GIS 楼控制室。

(三)公用 LCU(7LCU)

公用 LCU 由主控制器和 I/O 模件组成,主控制器应配置为 2 套完全冗余的,每个主控制器包含 CPU 模件、电源模件、现场总线模件和网络模件等。2 套完全冗余的主控制器工作方式为在线热备,切换无扰动。提供 1 套公用设备 LCU 及与其他全厂辅助系统的通信光端设备及光缆。具体配置如下:

主机架	2 个
CPU 模件	2 个,32 位
主频	≥266 MHz
内存	≥4 MB
100 M 网络接口	2 个
现场总线设备	2 套
电源模件	2 套
I/O 模件	根据 I/O 统计表配置
远程 I/O 模件	根据 I/O 统计表配置
串行口	≥8 个
现地终端(彩色液晶触摸屏)	1 套,≥15″,分辨率 1 280 × 1 024(须具有 MB + 接口)

公用 LCU 及与其他全厂辅助系统的通信光端设备及光缆,光缆总长度约 2 000 m。

公用 LCU 布置于继电保护盘室。

(四)输入/输出(I/O)

1. 数字信号输入

数字信号输入宜采用空接点且输入回路由独立电源供电。

数字信号输入接口采用光电隔离和浪涌吸收回路,绝缘电压有效值不小于 2 000 V。

每一数字输入端口有发光二极管(LED)显示其状态。

每一数字输入回路有防止接点抖动的滤波电路。

数字输入 SOE 量采集应采用 SOE 模块。

2. 脉冲输入

输入回路采用光电隔离。

每一脉冲累加信号输入有独立的计数器。

每一脉冲输入端口有发光二极管(LED)。

LCU 对脉冲输入的采集没有丢失。

3. 模拟量输入

模拟信号接口回路宜采用差分连接,模拟信号输入采用隔离器。

多路模拟信号输入共用模数转换电路时,采用悬浮电容双端切换技术。

模拟输入接口提供模数变化精度自动检验或校正功能。

模拟输入接口参数:

信号范围   电流型 4~20 mA

输入阻抗   电流型≤250 Ω或≤500 Ω

模数转换分辨率 ≥12 位(可含符号位)

最大温度误差   ±0.01%/℃

4. 温度量输入

用于温度测量的输入接口应能直接与电阻温度测量模板(RTD 模板)连接,温度量输入信号装隔离器。

5. 交流采样输入

信号类型 CT:1A;PT:100 V/57.5 V

6. 模拟输出

模拟信号输出接口回路宜采用差分连接。模拟信号输出采用北京维盛新仪科技公司 WS 系列隔离器、艾科科技公司隔离器隔离或优于其的产品。

模拟输出接口参数:

信号范围   电流型 4~20 mA

输出阻抗   电流型≤500 Ω

模数转换分辨率 ≥12 位(含符号位)

7. 数字输出

数字信号输出接口采用继电器隔离。

数字信号输出回路由独立电源供电。

每一数字输出有发光二极管(LED)。

继电器接点容量为 220 V DC/2 A,220 V AC/2 A。

输出信号持续时间是可控和锁存的。

接点开断容量(感性负载)为 60 VA。

继电器绝缘耐压为 2 000 V(有效值)。

继电器固有动作时间范围:吸合 2~30 ms,释放 10~30 ms。

第五节 软件要求

软件包括计算机的操作系统软件、支持软件、系统开发工具软件和专为电站计算机监控系统开发的应用软件。

一、软件平台环境

电站计算机监控系统中各节点计算机均采用具有良好实时性、开放性、可扩充性和高可靠性等技术性能指标的符合开放系统互联标准的 UNIX 及 Windows 操作系统(主要计算机如系统主工作站、操作员工作站、工程师/培训工作站等必须采用 UNIX 操作系统)。

二、软件开发工具

电站计算机监控系统中各节点计算机具有有效的编译软件以进行应用软件的开发。编译编辑软件包括:编程语言程序;交互式数据库编辑软件;交互式画面编辑软件工具;交互式报表编辑工具和电话语音报警和查询开发工具;现地控制单元中使用的编程工具。

画面编辑软件工具和报表编辑软件工具在编辑画面和报表时应方便灵活,画面和报表动态数据与数据库的连接尽可能直接通过鼠标操作进行。

提供系统维护和开发所必要的环境和工具。

三、数据库软件

(1)电站计算机监控系统数据库包括实时数据库和商用关系型数据库。实时数据库采用分布式数据库,实时数据库点要对象化。各个工作站根据其用途,可通过网络访问分布在各个现地控制单元的实时数据。除历史数据站、生产信息查询服务器数据相对集中外,其他节点均不存在集中数据库,厂站层节点的应用软件要基于实时数据对象。

(2)数据库的数据结构定义包括电站计算机监控系统和管理所需要的全部数据项。数据库结构定义灵活,可方便地增加数据库记录的数据域。数据库查询采用 SQL 数据库语言。数据库系统支持快速存取和实时处理(关键数据项部分常驻内存)以及数据库的复制功能,并保证数据库的完整性和一致性。

(3)电站计算机监控系统还具有历史数据库(用于存储电站的有关历史数据),历史数据库管理系统采用 RDBMS,供监控系统报表子系统及监控系统以外系统(如 MIS 系统)使用。

(4)提供电站计算机监控系统数据库管理软件(包括实时数据库和历史数据库),包括数据库生成程序、编辑程序、数据库在线修改程序(修改或增减数据库记录)。历史数据库的维护、管理和归档等软件。须提供用户访问数据库的一整套用户函数或其他有效手段。

(5)提供电站计算机监控系统数据库与其他外部系统相连接的接口软件及说明文件。

(6)在工程师站或工程师授权的系统中的某个计算机节点上,可对系统中某个节点的数据库进行编辑、下载,重新装入等数据库维护操作,并有具体措施保证某个节点的数据库和整个系统的数据库的一致性。

四、通信软件

通信软件包括电站计算机监控系统内部各节点之间的通信、电站计算机监控系统与外部系统（如网调系统、梯级调度系统等）的通信、现地控制单元与现场总线上的设备通信，通信软件采用开放系统互联协议或适用于工业控制的标准协议。通信软件配置能由用户修改，并提供详细的说明文件，以便于将来与其他计算机系统进行数据交换。为保护电站计算机监控系统方面的投资，主控级与现地控制单元的通信协议是公开的，并有详细的说明，以保证将来现地控制单元中的主要设备改型或升级不受影响。

五、应用软件

应用软件是为电站计算机监控系统开发的软件。在管理形式上便于维护，应用软件分类放在不同的目录中，并提供应用软件目录结构的说明文件。应用软件采用 C/C++ 高级语言或可视化模块编程软件进行程序设计。现地控制级应用软件考虑固化在 EEPROM 中。为保护电站计算机监控系统方面的投资，应用软件设计上保证其在双机上无扰动升级能力，并保证应用软件能被补充或修改，系统硬件升级时软件能方便地移植。现地控制单元中运行的应用程序都必须提供源代码和有充分的注释说明，以保证将来现地控制单元中的主要设备改型或升级不受影响。应用软件能处理汉字。

电站计算机监控系统应用软件至少包括但不限于如下几个部分。

（一）数据采集软件

（1）自动采集各现地单元的各类实时数据；

（2）自动采集智能装置的有关信息；

（3）自动接收梯级调度的命令信息；

（4）自动接收电厂监控系统以外的数据信息。

（二）数据处理软件

（1）对自动采集的数据进行可用性检查；

（2）对采集的数据进行工程单位转换；

（3）具有数字量输入点的抖动限值报警及处理；

（4）具有模拟量输入点的梯度限值报警及处理；

（5）具有数字量输出动作次数统计及报警（设备维护）；

（6）具有输入/输出通道的自诊断功能；

（7）对采集的数据进行报警检查，形成各类报警记录和发出报警音响；

（8）对采集的数据进行数据库刷新；

（9）生成各类运行报表；

（10）形成历史数据记录；

（11）生成曲线图记录；

（12）形成分时计量电度记录和全厂功率总加记录；

（13）具有事件顺序记录的处理能力；

（14）事故追忆数据处理能力（包括记录事故时刻的相关量）；

（15）主辅设备动作次数和运行时间的统计处理能力；

（16）按周期或请求方式发送电站有关数据给梯调调度系统和网调。

（三）人机接口软件

主控级控制台人机界面软件基于 Motif、X－Window 的图形界面并具有二维和三维图形处理和显示能力。图形用户环境采用工业标准 X－Window 程序库及用于建立应用软件的基于 X 的标准工具库（X11R5）。人机接口软件通用，人机接口画面（由画面编辑软件编辑）不应有单独的人机接口处理程序，所有的人机接口画面只有一个人机接口处理程序。人机接口具有汉字处理能力及汉字输出能力，汉字应符合国家一级汉字库标准。

（四）报警、记录显示和打印软件

（1）具有各类报警记录、运行报表、操作票和操作指导的显示和打印功能，报警记录的显示应能按设备类型和报警类型分类显示。

（2）具有趋势记录、事故追忆及相关记录的显示和打印功能。

（3）具有彩色画面拷贝能力（以文件形式存储，并提供打印工具）和显示彩色画面拷贝文件的工具。

（4）上述记录打印能由操作员在控制台上选择和控制打印机打印。提供主要类型的报警记录、报表显示格式和可修改项目的说明。

（五）控制与调节软件

（1）按照电站当前运行控制方式和预定的决策参数进行控制调节，满足电力调度发电控制要求。对运行设备控制方式的设置：梯调控制级/厂站控制级方式设置；厂站级控制级/现地单元控制级方式设置；机组单控/联合控制运行方式设置；运行设备自动/手动控制方式设置；运行人员能够通过厂站控制级人机接口，完成对单台设备的控制与调节。

（2）机组现地控制单元在现地人工控制或电站级远方控制均具有以下控制调节功能：机组顺序控制；机组转速及有功功率调节；机组电压及无功功率调节；按调度给定的日负荷曲线调整功率；按运行人员给定总功率调整功率；按系统给定的频率调整有功功率；按水位控制方式；按调度给定的电厂高压母线电压日调节曲线进行调整；按运行人员给定的高压母线电压值进行调节；按等无功功率或等功率因数进行调节；提供梯级调度改变电站中机组控制方式和调节方式的功能。

当监控系统处于梯调控制级控制方式时，监控系统应能执行梯调发布的所有控制命令。能在厂站控制级发布的主要控制调整命令在梯调控制级也能够发布并得以执行。

安全稳定智能控制：当发电机进入进相、过流/过压、稳定储备系数超出规定范围、机组振动等不良工况时，监控系统能识别并能够自动将机组拉回稳定运行工况内。

（六）AGC、AVC 和一次调频软件

根据前述 AGC、AVC 和一次调频初步实现原则实施。

（七）电话语音报警和查询软件

当电站设备发生事故或故障时，自动进行普通话语音报警，启动电话或 ON－CALL 寻呼系统报警并具有电话查询功能，运行和管理人员也可通过电话查询电站设备当前的运行情况。

（八）系统管理软件

系统管理软件用于监视和管理电站计算机监控系统中所有应用软件的运行情况。

（九）现地控制单元接口软件

为电站计算机监控系统现地控制单元提供人机接口软件,在该类终端上可显示实时过程画面,画面风格与操作员工作站基本保持一致,其功能至少包括控制和调节以及参数值修改操作等。

（十）数据库系统接口软件

提供存储数据库数据记录的接口软件(database server interface programs library),以便于用户将来对该系统增加其他功能。

（十一）时钟同步软件

电站计算机监控系统具有时钟同步功能,以保持计算机监控系统中各网络单元的时钟同步和与调度系统实时时钟的同步。

六、诊断软件

应提供完备的诊断软件,以实现厂站层、现地层各节点的诊断功能。诊断范围包括网络设备、计算机设备和 I/O 模块,诊断结果应精确到模块和通道。提供计算机监控系统现地控制单元控制器 CPU、主控级计算机 CPU 及控制网络的运行负载率(负荷率统计周期为 1 s)和内存使用情况的监视软件。

七、双机切换软件

电站计算机监控系统具备故障在线检测及双机自动切换功能,计算机监控系统正常情况下双机主备方式运行。在主用机发生故障时,备用机能不中断任务且无扰动地成为主用机运行。

八、软件供应

（1）系统中使用的第三方软件均有合法的许可证,并保证系统交货时所使用的第三方软件是最新版本。

（2）本系统最终验收前,如果市场上具有最新的操作系统,或者厂家（包括第三方）开发出了最新的工具软件和应用软件,在保证硬件和软件的兼容性的前提下,免费进行操作系统、工具软件及应用软件的升级。

（3）系统中所提供的软件至少提供 2 套以上的备份介质,备份介质为光盘介质。

（4）提供所有应用软件的源程序及应用软件的开发工具,应用软件源程序中应有充分的注释说明,以保证应用软件源程序的可读性。应用软件源程序应提供光盘介质。

第六节　系统性能要求

一、集成性

系统中的功能模块具有相对的独立性,某一功能模块的故障不影响其他功能模块的功能。系统所提供的大部分软件是成熟的工业用或商用软件。

二、开放性

尽可能采用开放的技术和标准。在硬件方面,能保证对系统中现有的设备增加功能,或在系统中添加新的设备;在软件方面,要易于系统软件和应用软件的扩展和升级。

三、实时性

(1)数据采集周期:

开关量	<1 s
电气模拟量	<1 s
非电气模拟量(不包括温度量)	<2 s
温度量	1~5 s
事件顺序记录分辨率	≤1 ms
实时数据库刷新周期	<2 s

(2)主备计算机数据库的数据保持高度一致,主用计算机上由运行操作人员通过人机接口输入的数据在1 s内复制到备用计算机数据库。

(3)厂站控制级对调度系统数据采集和发送数据的速率和数量满足调度系统的要求。

(4)控制响应:现地控制单元级接受控制命令到开始执行不超过1 s;厂站控制级发出命令到现地控制单元级接受命令的时间不超过1 s;操作员执行命令发出到现地控制单元回答显示的时间不超过2 s。

(5)人机接口:调出新画面的时间不超过1 s;画面上实时数据刷新时间从数据库刷新后算起不超过1 s;报警或事件产生到画面刷新和发出音响的时间不超过2 s。

(6)时间同步精度:节点间时间同步分辨率≤1 ms。

(7)AGC/AVC计算周期:1~15 s可调。

(8)双机切换:热备用时保证无扰动切换。

四、可靠性

(1)计算机接口系统中任何设备的单个元件故障不会造成系统关键性故障或外部设备误动作,防止设备的多个元件或串联元件同时发生故障。计算机监控系统设备的平均无故障时间 MTBF 满足如下要求:①厂站控制级计算机设备(含硬盘)大于 16 000 h;②现地控制单元级设备大于 32 000 h。

(2)可维修性:①可维修平均修复时间(MTTR)由制造商提供,当不考虑管理辅助时间和运送时间时,一般为 0.5～1 h。②对软件故障有记录文件,记录出故障的模块以及故障原因,以利于软件故障的排除。③硬件上有便于试验和隔离故障的断开点。④尽可能采用商用化的标准硬件,以保证系统的长期可用性及保护投资。

(3)可利用率:计算机监控系统可利用率指标达到 99.99%。

五、安全性

(1)系统的安全性:分别为维护人员和操作人员提供不同的口令,安全级别的个数满足用户要求。

(2)网络安全性:对于系统中与用于外部通信的计算机提供必要的网络安全软件,加装安全隔离装置,以避免外部非法侵入。

(3)控制操作的安全性:对控制操作提供必要的校核检查以及确认操作,在控制命令未进行确认操作之前,操作员能撤销其控制操作。

(4)应用软件有必要的容错能力。

(5)系统中任何硬件设备的故障都不应造成被控设备的误动作。

(6)计算机 CPU 及网络平均负载率不大于 30%,最大负载率不大于 50%;在任何时候,内存的使用率不应大于 80%。以上数据统计周期不大于 1 s。

第四章　机组本体自动化系统

为水轮机、水轮发电机提供必需的仪表、控制、保护装置、盘柜,提供机坑内及与其相关系统的所有必需的电缆、导线、管路材料、支架和附件。

第一节　自动化元件

自动化元件配置在易于接近的地方,其刻度、指示器和铭牌清晰易读,仪表刻度范围如果没有规定,则由供货厂家根据工作条件来决定。刻度温度以℃、压力表以 MPa、流量表以 m³/s、效率以%、振动以 0.001 mm,噪声以 dB(A)计。提供仪器仪表的全部数据,包括型式、尺寸、测量范围、电气额定值以及制造厂商的名称。铭牌应标明仪表的用途及性能。所有安装在仪表盘上的仪表在可行的范围内与其他相关仪表匹配,提供为率定和更换所需要的所有接线、截止阀、放气阀、排水阀和管道。

一、温度检测

(1)测温电阻选用 Pt100 铂热电阻,铂热电阻长期允许通过电流不低于 8 mA,且在此电流下不影响温度检测的精度。在 0 ℃时,其电阻值为(100 ± 0.1) Ω。在该范围内其测量精度为 ±0.1 ℃。

(2)测温电阻设置在能反映最高温度的位置,每个测温电阻为三线制引出,导线采用三绞线结构。导线的截面面积不大于 1.5 mm²。

(3)定子铁芯、定子线圈采用薄片型,导轴承、推力轴承的轴瓦采用端面型,其余部位采用插入式铂电阻。

二、液位检测

(1)投入式液位变送器、差压式变送器量程和零点连续可调。被测量的变化范围在量程的 50% ~ 80%,最低不能小于 30%,负载阻抗不小于 500 Ω,精度不低于 0.25 级,长期稳定性为 ±0.25%,二线制输出标准的 4 ~ 20 mA DC 模拟量信号。压力腔、法兰、排气道和隔膜为不锈钢 316 型。管件为标准的 G1/2″,并提供安装变送器和管道的附件。

(2)液位信号器(计)动作值不大于设定值的 ±5%,接点寿命大于 1×10^6 次,接点容量不低于 AC250 V、5 A 或 DC220 V、1 A。带有 4 对在电气上互相独立且不接地的常开常闭转换信号接点。

三、压力、压差检测

（1）压力变送器在出厂时确定好量程,并有测试记录。被测量的变化范围在量程的 50% ~ 80% ,最低不能小于 30% ,负载阻抗不小于 500 Ω,精度不低于 0.25 级,长期稳定性为 ±0.25% ,两线制输出,标准的 4 ~ 20 mA DC 模拟量信号。压力腔、法兰、排气道和隔膜为不锈钢 316 型。管件为标准的 G1/2″,并提供安装变送器和管道的附件。

（2）压力、差压信号器(计)动作值不超过设定值的 ±1% ,切换差不大于 5% ,接点寿命大于 1×10^6 次,接点容量不低于 AC250 V、5 A 或 DC220 V、1 A。带有 4 对在电气上互相独立且不接地的常开常闭转换信号接点。

（3）压力显示控制仪选用数字式的可现地安装的仪表,能在较强振动、潮湿、温差较大的环境下稳定可靠地工作,对被测量的波动应有阻尼措施,接点动作有一定的延时,显示及控制精度不低于 1% ,控制输出为独立的位式接点或切换差可调的位式接点,输出路数为 2 ~ 5 路,并带有一路两线制输出,标准的 4 ~ 20 mA DC 模拟量信号。

（4）压力表符合国家有关标准的规定。为可调节型,精度为 A 级或更高。带有直径约为 150 mm 的白色刻度盘、黑色刻度线及指针。水压力表配装有非堵塞型脉动阻尼器和仪表三通阀。

四、流量检测

（1）流量变送器,选用电磁型或旋涡型,精度不低于 0.5 级。输出标准的两线制 4 ~ 20 mA DC 模拟量信号。

（2）示流信号器是成熟的产品,带有报警接点。宜选用不带活动部件的动作可靠的热扩散式流量开关。

五、位置传感器

位置传感器包括导叶位移传感器和桨叶角度传感器。要求选用非接触式位移传感器和角度传感器,精度为 0.5 级,应是成熟的产品,两线制输出,标准的 4 ~ 20 mA DC 模拟量信号。

六、导叶传动机构信号装置及保护信号器

1 套导叶传动机构信号装置及保护信号器,信号装置将信号送至电站计算机监控系统的机组 LCU 中。

七、接力器锁锭

要求接力器锁锭行程开关动作正确,并输出常开、常闭接点各 2 对。

八、电磁液压阀、电动执行机构

(1)电磁液压阀动作可靠,为双线圈控制通断。电磁铁提供一常开、一常闭阀位辅助无源接点。阀体上有反映阀门的打开、关闭的位置信号接点。工作电源为 DC220 V,操作电流不大于 1 A,功耗不大于 50 W。

(2)电动执行机构包括电动阀门和阀门控制装置。电动头采用带一体化控制单元的组合式电动装置。电动机为交流,工作电源为 AC380 V,三相、50 Hz。有过转矩保护、电机超温保护、行程限位保护、机械限位保护、手动自动切换、指示阀门开度的旋转刻度盘和手轮操作等功能,保护接点容量 AC220 V、1 A。电动阀门的电动装置除满足开阀、关阀操作的基本要求外,给用户提供一常开,一常闭阀位辅助无源接点和一常开,一常闭过转矩无源接点。

九、转速检测装置

转速检测装置包括齿盘式转速传感器、转速信号装置。主要性能要求如下。

(1)齿盘式转速传感器配置 2 个探头,经过脉冲放大处理后,输出 2 路转速脉冲信号,信号电平为 DC24 V;一路送入调速器,另一路送入转速信号装置。

(2)转速信号装置从 1% ~160% 额定转速接点 12 对,每对接点均为一开一闭转换接点,可灵活整定。其返回系数不小于 0.98 ~1.02,转速信号装置同时接受来自 PT 和齿盘的信号,两路信号互为备用,装置选用微机型或可编程控制器型式。

十、轴电流检测

轴电流检测包括轴电流互感器和 1 套轴电流检测装置。要求提供轴电流保护整定的具体参数。

十一、油混(积)水检测

油混(积)水检测包括油混(积)水探测器和 1 套检测装置。要求每个测点安装 1 个油混(积)水探测器,检测装置有每个测点的报警信号输出,报警信号为独立接点。

十二、火灾报警检测

机组自动灭火系统属于全厂火灾自动报警系统的一个探测区域,负责机组自动灭火系统与火灾自动报警系统的采购和安装,并负责与全厂火灾自动报警系统的接口,满足电站火灾自动报警系统的要求。

每台机组按相关规定安装火灾探测器,探测器为感温、感烟型。

第二节　自动化盘柜

提供的自动化盘柜并不限于以下所列,可根据工程需要提供其他的盘柜。

一、机组测温盘(布置于发电机层)

测温盘上装有油温、瓦温、空气冷却器冷热风温度、定子铁芯及定子线圈温度、轴电流等显示仪表。

二、机组水力量测盘(布置于发电机层)

在量测盘上一般装有蜗壳进口压力、尾水管出口压力、水轮机净水头、水轮机过机流量等。

三、水轮机仪表盘(布置于水轮机层)

仪表盘为板型或柜型,表盘后部有为调整和维修用的门,顶部和底部有电缆开孔。所有仪器仪表嵌装在仪表盘前门上或者是固定在仪表盘内,显示仪表安装与仪表盘齐平。在仪表盘面板上设下列显示仪表:蜗壳进口压力表及压力变送器、支持盖真空压力表、尾水管进口真空压力表、尾水管出口压力表及压力变送器、主轴密封水压力表、水轮机净水头差压变送器、水轮机过机流量差压变送器。

四、机组制动盘(布置于发电机层)

(1)水轮发电机应设置 1 套空气操作的机械制动装置。

(2)制动系统在机组正常运行时不发生误动作。在正常停机时,当机组转速下降到 10% ~ 20% 额定转速时投入,全部制动停机时间应小于 2 min。当紧急停机时,允许在机组转速下降到 35% 额定转速时投入,保证机组安全停机。提供机组相应的制动停机时间。

(3)机械制动器的工作压力应取 0.5 ~ 0.7 MPa,当水轮发电机组的漏水产生的力矩等于水轮机额定转矩的1%时,制动装置保证机组制动停机。

(4)机械制动器可兼作液压顶起装置,在拆卸或调整、检修推力轴承时,顶起水轮发电机组旋转部分,顶起的高度不超过15 mm。顶转子时,使用的油压额定值由厂家设计计算确定,在这样顶起时,水轮发电机所有部件不需拆卸或解开,装设锁定装置,在完全顶起或中间任何位置锁住转子,这时不需要液压顶起装置保持顶起压力。制动和顶起转子时,活塞动作灵活,压力解除后迅速自动复位。提供限位开关等保护闭锁装置以发出信号和控制油泵运转。

(5)供应每台机一套完善的机械制动和反向压闸系统自动和手动进气以及排气的控制柜。柜内管路(含管径)和阀门的设计应合理,以保证制动时气源压力,制动时间符合技术规范的规定。管路及附件采用不锈钢或有色金属材料。

(6)机械制动系统的控制电路采取有效的联锁及闭锁措施,制动闸块上装有投入和复位辅助接点的行程开关。

五、机组消防盘(布置于发电机层)

(1)水轮发电机采用水灭火系统。对每台水轮发电机提供一套水喷雾灭火系统设备。

(2)灭火装置包括位于定子绕组端部的上下环管、喷头、自动阀组、管路及其附件(包括机坑外消防供水主阀外的管道直至与电站消防供水主管相连接的第一对法兰,主阀应能手动和自动操作)、火警探测装置、自动化元件及连接电缆、控制盘、端子箱等部件。

(3)喷头的布置使水雾覆盖全部定子绕组,喷头可靠锁定,不应有堵塞,且平时不应有漏水现象,便于装拆检修。提交雾化试验报告。

(4)喷头、管路、探测器等部件采用非磁性材料制成。探测器采取屏蔽措施,以防止电磁干扰。探测器的数量和安装位置能检测机壳内任一位置的火情并报警。在试验时便于安装和拆卸。

(5)水灭火系统的供水压力为0.5 MPa,最末端的喷雾头连接处压力达到0.35 MPa。

(6)每个喷雾头喷出的水应形成雾状,当进水压力为0.35 MPa,在距离喷嘴0.3 m处取样时,水滴平均直径为0.3 mm左右。

(7)水轮发电机灭火系统按火灾自动报警和手动启动灭火装置设计。水轮发电机火灾报警系统在火灾探测器各自单独动作时只发报警信号,其中2个不同原理探测器同时动作时作用停机并可延时启动自动灭火装置。探测器在动作后,能自动复归。

(8)机组自动灭火系统为全厂火灾自动报警系统的一个探测区域,负责与全厂火灾自动报警系统的接口,并满足电站火灾自动报警系统的要求。

六、水轮机端子箱(布置于水轮机层)

水轮机部分的所有用于温度、液位测量、报警和开关位置显示等信号,均引线接至端子箱内。用户的对外界面均在端子箱上。

七、发电机端子箱

发电机部分的所有用于温度、液位测量、报警和开关位置显示等信号,均引线接至端子箱内。用户的对外界面均在端子箱上。

八、顶盖排水控制箱(布置于水轮机层)

顶盖上设置可靠的排水措施,有自流排水和机械排水设施。其中,自流排水管管径不小于 DN100 mm,机械排水包括至少 3 台立式潜水泵(1 台工作、1 台检修、1 台备用),水泵的流量及扬程能满足在最高尾水位下排除密封漏水的需要。水泵与配件必须是抗腐蚀材料;顶盖排水泵布置在顶盖上,设永久性管路。立式潜水泵、水位开关、水位传感器、水泵控制和保护箱以及从水泵至机坑内壁之间的联接管道、阀门、管件和水位开关、传感器及水泵控制保护箱的电缆等均由厂家提供。顶盖排水系统采用 PLC 控制。

九、吸尘装置控制箱(布置于发电机层)

为防止由制动摩擦产生的粉末污染定子和转子绕组,并应装设吸尘装置。粉尘收集装置应由静电过滤器、吸风机、管路、仪表及控制设备等组成。粉尘收集装置收集的粉尘应能方便从收集盒中清除。提供一个能手动和自动操作的控制箱。制动投入时,自动启动粉尘收集系统,制动器复位后经延时自动停止。

第五章 电站辅助设备控制系统

第一节 概 述

一、控制系统供货范围

调速器油压装置控制装置	5 套
机组技术供水控制装置	5 套
低压压缩空气系统集中控制装置	1 套
中压压缩空气系统集中控制装置	1 套
厂内检修排水控制装置	1 套
厂内渗漏排水控制装置	1 套
$11^{\#} \sim 19^{\#}$ 坝段渗漏排水控制装置	1 套
游灌浆廊道排水控制装置	1 套
底孔闸门控制装置	5 套
通风系统控制装置	1 套

二、系统总体要求

（一）可编程控制器（PLC）

（1）每套控制系统采用以可编程控制器（PLC）为基础的自动控制装置，PLC内存容量需满足工程最终规模的容量并留有一定的裕量，具有高的性能/价格比。

（2）PLC具有可编程能力，采用标准模块化结构，相同类型模块应有互换性。PLC机架上留有20%模块的备用空间以便将来扩展。

（3）PLC具有自诊断功能，既能自动诊断主机和I/O设备的故障情况，又具有防止软件死锁的能力。

（4）每套PLC配置1个RS485接口和1个现地网接口，以便与机组LCU或公用设备LCU进行通信。

（二）I/O接口

所有I/O接点按工程建设规模配置，并预留20%的裕量，对每套控制系统设备中所有I/O接口模块，除特别指出外，均符合下述要求。

1. 开关量输入接口（DI）

以无源空接点方式引入，应由独立电源供电，并采取光电隔离和浪涌吸收回路。

设有接点抖动滤波措施,并且每路 DI 点都应设有 1 个 LED 指示。

2. 开关量输出接口(DO)

具有光电隔离等抗干扰措施,每路 DO 点都应设有 1 个 LED 指示。

信号电压范围(接点式)	220 V DC、24 V DC、220 V/380 V AC
信号电流范围(接点式)	1 A、2 A、5 A
信号持续时间	可控和锁存
接点开断容量	感性负载 30 W
继电器固有动作时间范围	吸合 2 ~ 30 ms、释放 10 ~ 30 ms

3. 模拟量输入接口(AI)

采取隔离器有效的抗干扰措施,接口宜提供模数变换精度自动检验或校正。

信号范围	4 ~ 20 mA
输入阻抗	<500 Ω
模数转换分辨率	≥12 位(包括符号位)
最大转换误差	±0.25%
最大温度误差	±0.01%/℃
共模电压	200 V DC 或 AC 峰值

4. 模拟量输出接口

采取隔离器有效的抗干扰措施,接口宜提供模数变换精度自动检验或校正。

信号范围	4 ~ 20 mA
输入阻抗	<500 Ω
模数转换分辨率	12 位(包括符号位)
最大转换误差	±0.25%
转换时间	≤0.55 s
共模电压	200 V DC 或 AC50 Hz

(三)电机启动回路设备

各系统电动机启动回路按要求选用软启动器对电动机进行启动,软启动器具有高可靠性。每台软启动器电源侧配置自动空气断路器。

电动机软启动器主要应具有如下功能。

(1)电动机启动过程控制:采用闭环控制,连续监测电动机电流,能够调节启动电压,限制启动电流和启动转矩,控制电动机平缓启动,从而保护电机和减小电机启动对电网的冲击。

(2)电动机运行过程监控:在电动机运行过程中进行故障检测,包括电源、电动机温升等,出现故障时有信号显示和故障报警接点输出至 PLC,便于 PLC 系统监测和维护。

(3)电动机运行保护:对运行过程中的电动机进行电流监测,若电机出现过负荷、过电流、缺相等故障,可保护跳闸,避免损坏电动机。

(4)电动机停止过程控制。

(5)风扇控制:PLC 应对软启动器的风扇进行控制,启动器运行时风扇投入,启动器切除后风扇应切除。

（6）软启动器应有带旁路启动。

（四）显示装置

每套控制系统配置 1 台 10.4 in 彩色液晶触摸屏，能进行动态画面、参数、故障显示，流程及参数设置等。

（五）控制电源

每套控制系统（底孔闸门控制除外），配置交/直流开关电源，外部提供 1 路 AC220 V 电源和 1 路 DC220 V 电源，2 个电源并联使用，向 PLC 及盘内设备供电。当电源消失时，发出报警信号。

底孔闸门控制，外部提供 2 路 AC220 V 电源，2 个电源并联使用，向 PLC 及盘内设备供电。当电源消失时发出报警信号。

（六）控制系统性能

平均无故障时间 MTBF	≥32 000 h
平均维修时间 MTTR	不超过 1 h
控制设备的可利用率	≥99.96%

（七）数据通信

（1）机组调速器油压装置控制装置、机组技术供水控制装置将与各自机组 LCU 采用 RS485 接口通信，通信规约服从计算机监控厂家要求。

（2）厂内检修排水控制装置、厂内渗漏排水控制装置、11#～19# 坝段渗漏排水控制装置、下游灌浆廊道排水控制装置先连成网络与公用设备 LCU 采用 RS485 接口通信，通信规约服从计算机监控厂家要求。

（3）5 套底孔闸门控制装置先连成网络与公用设备 LCU 采用 RS485 接口通信，通信规约服从计算机监控厂家要求。

（4）所有通风系统控制装置连成网络后，由通风系统集中控制盘与公用设备 LCU 采用 RS485 接口通信，通信规约服从计算机监控厂家要求。

第二节　各设备具体要求

一、调速器油压装置控制设备

（一）100 MW 机组调速器油压装置控制设备（4 套）

每台机组调速器油压装置控制设备由 1 面启动盘和 1 面控制盘组成。具体控制内容和要求如下。有关 I/O 点数仅供参考。

1. 控制对象

油压装置共有油泵 3 台，分别为 1 台小泵 18.5 kW，2 台 75 kW。每台泵对应 1 个电磁卸荷阀，1 套补气装置及测量元件。

2. 控制方式

每台油泵设有手动/自动切换开关，完成手动控制方式和自动控制方式的切换，当设在手动控制方式时,通过控制盘上的按钮完成设备的手动控制;当设在自动控制方式时,将按设定程序和油位自动完成控制。手动控制不通过 PLC 装置完成。

设有主/备用泵切换开关,完成主备用泵的设定轮换,既可随机组启停轮换,也可定时切换。在启动柜、控制柜设有油泵等设备的启动元件和控制元件,并可进行故障信号显示、故障信号复归等。

3. 控制要求

小泵互为正常调节时工作,大泵为大波动调节时工作。2 台大泵互为备用,轮换启动。当油压过高时,启动该泵相应的电磁卸荷阀。

1)压力油罐油压控制

油压过高——报警并启动相应的卸荷阀;

油压降低——开小泵;

油压低——开主泵;

油压过低——开备泵;

事故低压——停发电机;

油压正常——停 3 台泵,停补气。

2)油位控制

压力罐油位过高——报警;

压力罐油位正常——停补气;

回油箱油位升高——报警;

压力罐油位升高,且油压下降——开补气;

压力罐油位过低——报警;

回油箱油位降低——报警。

4. PLC 的 I/O 点数

DI:40;DO:40;AI:4;AO:4。

5. 与机组 LCU 通信

主要有(但不限于此):PLC 退出运行;电源消失;每台油泵投入时信号;油泵故障信号;控制方式自动/手动;补气装置电动阀动作;回油箱油位报警;回油箱油混水信号器动作;回油箱液压控制阀组动作;回油箱油位、压力罐油位、油压,管路油压。

(二)20 MW 机组调速器油压装置控制装置(1 套)

调速器油压控制装置由 1 面启动控制盘组成。具体控制内容和要求如下(有关 I/O 点数仅供参考)。

1. 控制对象

油压装置共有油泵 2 台 15 kW。每台泵对应 1 个电磁卸荷阀,1 套补气装置及测量元件。

2. 控制方式

每台油泵设有手动/自动切换开关,完成手动控制方式和自动控制方式的切换。当设在手动控制方式时,通过控制盘上的按钮完成设备的手动控制;当设在自动控制方式时,将按设定程序和油位自动完成控制。手动控制不通过 PLC 装置完成。

设有主/备用泵切换开关,完成主备用泵的设定轮换,既可随机组起停轮换,也可定时切换。在启动柜、控制柜设有油泵等设备的启动元件和控制元件,并可进行故障信号显示、故障信号复归等。

3. 控制要求

2 台泵互为备用,轮换启动。当油压过高时,启动该泵相应的电磁卸荷阀。

1)压力油罐油压控制

油压过高——报警并启动相应的卸荷阀;

油压低——开主泵;

油压过低——开备泵;

事故低压——停发电机;

油压正常——停泵,停补气。

2)油位控制

压力罐油位过高——报警;

压力罐油位正常——停补气;

回油箱油位升高——报警;

压力罐油位升高,且油压下降——开补气;

压力罐油位过低——报警;

回油箱油位降低——报警。

4. PLC 的 I/O 点数

DI:40;DO:40;AI:4;AO:4。

5. 与机组 LCU 通信内容

主要有(但不限于此):PLC 退出运行;电源消失;每台油泵投入时信号;油泵故障信号;油、水中断故障信号;控制柜的控制方式自动/手动;补气装置电动阀动作;回油箱油位报警;回油箱油混水信号器动作;回油箱液压控制阀组动作;回油箱油位、压力罐油位、油压,管路油压。

二、机组技术供水控制装置

机组技术供水控制装置按非汛期运行控制和汛期运行控制设置,并分二期实施。Ⅰ期为非汛期运行控制,Ⅱ期为非汛期与汛期联合运行控制,本范围为Ⅰ期所涉及的设备及Ⅰ、Ⅱ期接口设备。

(一)100 MW 机组技术供水控制装置(4 套)

每套技术供水控制装置由 1 面控制盘(Ⅰ期采购)和 2 面启动盘(Ⅱ期采购)组成。具体控制内容和要求如下(有关 I/O 点数仅供参考)。

1. 控制对象(每台机)

1)Ⅰ期控制对象

供水总管电动蝶阀 5 个、轴封供水电磁阀 2 个、压力变送器 2 个、温度变送器 1 个、示流信号器 5 个;滤水器 2 台,每台滤水器前后各 1 个电动蝶阀(共 4 个)、排水管电动蝶阀

1 个。

2）Ⅱ期将增加的控制对象

加压泵 2 台（每台 160 kW）、尾水冷却器出口电动蝶阀 1 个、水池补水管电动蝶阀 1 个；水池循环回水电动蝶阀 1 个、循环水池水位计 1 个。

2. 控制方式

设有非汛期/汛期切换开关，完成非汛期控制方式和汛期控制方式的切换，设在不同控制方式时将有不同控制程序完成供水。

每台设备设有手动/自动切换开关，完成手动控制方式和自动控制方式的切换。当设在手动控制方式时，通过控制盘上的把手式按钮完成设备的手动控制；当设在自动控制方式时，将按设定程序自动完成控制。手动控制不通过 PLC 装置完成。

设有主/备用泵切换开关，完成主备用泵的设定轮换，既可随机组起停轮换，也可定时切换。在启动柜、控制柜上设有 $1^{\#} \sim 2^{\#}$ 水泵等设备的启动元件和控制元件，并可进行故障信号显示、故障信号复归等。

3. 控制要求

1）非汛期运行

采用蜗壳取水，运行的供水设备包括：5 个供水总管电动蝶阀（阀 5～阀 9）、2 个轴封供水电磁阀（阀 13、阀 14）、2 个压力变送器、1 个温度变送器、5 个示流信号器（上导、空冷器、下导、水导、轴封供水管示流）；2 台滤水器，每台滤水器前后各 1 个电动蝶阀（阀 1～阀 4）、排水管电动蝶阀（阀 10）。

机组开机继电器动作，选择工作滤水器，打开工作滤水器前后阀（阀 1、阀 3 或阀 2、阀 4），打开阀 5、阀 6（阀 9）、阀 8（阀 7）、阀 10，供水总管压力和温度正常、上导、空冷器、下导、水导供水管示流正常；否则切换到备用滤水器，打开阀 14 轴封冷却水管压力和示流正常；否则打开阀 13，关闭阀 14。

每台滤水器自带有 PLC 控制箱，完成滤水器前后压差自动排污或运行中定时排污（压差及排污时间可现场整定）及故障报警功能，并能将状态和故障信号送入技术供水控制装置。技术供水控制装置可控制滤水器前后阀门，实现滤水器选择。根据对运行滤水器的信号及供水总管上的压力信号监测，当滤水器出现故障时，自动打开备用滤水器的前后阀，并关闭故障滤水器的前后阀。

每次开机分别轮换工作/备用滤水器和供水阀 6、阀 8 或阀 9、阀 7。

2）汛期运行

采用循环水池取水，运行的供水设备包括：5 个供水总管电动蝶阀（阀 5～阀 9）、2 个轴封供水电磁阀（阀 13、阀 14）、2 个压力变送器、1 个温度变送器、5 个示流信号器（上导、空冷器、下导、水导、轴封供水管示流）；2 台加压泵（每台 160 kW）、1 个尾水冷却器出口电动蝶阀（阀 12）、1 个水池补水管电动蝶阀（阀 15）；1 个水池循环回水电动蝶阀（阀 11）、循环水池水位计 1 个。

机组开机继电器动作，选择工作加压泵，启动工作加压泵，打开尾水冷却器出口电动蝶阀 12，打开阀 5、阀 6（阀 9）、阀 8（阀 7）、阀 11，供水总管压力和温度正常、上导、空冷器、下导、水导供水管示流正常；否则切换到备用加压泵，打开阀 14 轴封冷却水管压力和示流正常;否则,打开阀 13,关闭阀 14。

监测循环水池水位,当水位到 859.10 m 时打开阀 15,水位到 860.60 m 时关闭阀 15,水位到 858.80 m 时发循环水池水位低报警,水位到 860.90 m 时发循环水池水位高报警。

每次开机轮换加压泵和供水阀 6、阀 8 或阀 9、阀 7。

4. PLC 的 I/O 点数

DI:40;DO:40;AI:4。

5. 与机组 LCU 通信

主要有(但不限于此):PLC 退出运行;控制电源消失信号;各水泵运行信号;各轴承冷却水示流信号;各电动阀门的位置信号;控制方式自动/手动信号;主/备用泵运行信号;非汛期/汛期运行信号;电动滤水器的故障信号及运行小时数统计;供水系统压力信号和温度信号;循环水池水位信号及报警信号。

(二)20 MW 机组技术供水控制装置(1 套)

技术供水控制装置由 1 面控制盘(Ⅰ期采购)和 1 面启动盘(Ⅱ期采购)组成。具体控制内容和要求如下(有关 I/O 点数仅供参考)。

1. 控制对象

1)Ⅰ期控制对象

供水总管电动蝶阀 5 个、轴封供水电动蝶阀 2 个、压力变送器 2 个、温度变送器 1 个、示流信号器 5 个;滤水器 2 台,每台滤水器前后各 1 个电动蝶阀(共 4 个)、排水管电动蝶阀 1 个。

2)Ⅱ期将增加的控制对象

加压泵 2 台(每台 55 kW)、尾水冷却器出口电动蝶阀 1 个、水池补水管电动蝶阀 1 个;水池循环水电动蝶阀 1 个、循环水池水位计 1 个。

2. 控制方式

设有非汛期/汛期切换开关,完成非汛期控制方式和汛期控制方式的切换,设在不同控制方式时将有不同控制程序完成供水。

设有手动/自动切换开关,完成手动控制方式和自动控制方式的切换。当设在手动控制方式时,通过控制盘上的按钮完成设备的手动控制;当设在自动控制方式时,将按设定程序自动完成控制。手动控制不通过 PLC 装置完成。

设有主/备用泵切换开关,完成主备用泵的设定轮换,既可随机组起停轮换,也可定时切换。在启动柜、控制柜应设有 $1^{\#} \sim 2^{\#}$ 水泵等设备的启动元件和控制元件,并可进行故障信号显示、故障信号复归等。

3. 控制要求

1)非汛期运行

采用蜗壳取水,运行的供水设备包括:5 个供水总管电动蝶阀(阀 5 ~ 阀 9)、2 个轴封供水电磁阀(阀 13、阀 14)、2 个压力变送器、1 个温度变送器、5 个示流信号器(上导、空冷器、下导、水导、轴封供水管示流);2 台滤水器,每台滤水器前后各 1 个电动蝶阀(阀 1 ~ 阀 4)、排水管电动蝶阀(阀 10)。

机组开机继电器动作,选择工作滤水器,打开工作滤水器前后阀(阀 1、阀 3 或阀 2、阀

4)，打开阀5、阀6(阀9)、阀8(阀7)、阀10，供水总管压力和温度正常，上导、空冷器、下导、水导供水管示流正常；否则，切换到备用滤水器，打开阀14，轴封冷却水管压力和示流正常；否则，打开阀13，关闭阀14。

每台滤水器自带有 PLC 控制箱，根据滤水器前后压差自动排污及运行中定时排污(压差及排污时间可现场整定)，并具有故障报警功能，并能将状态和故障信号送入技术供水控制装置。技术供水控制装置可控制滤水器前后阀门，实现滤水器选择。根据对运行滤水器的信号及供水总管上的压力信号监测。当滤水器出现故障时，自动打开备用滤水器的前后阀，并关闭故障滤水器的前后阀。

每次开机分别轮换工作/备用滤水器，供水阀6、阀8或阀9、阀7。

2) 汛期运行

采用循环水池取水，运行的供水设备包括：5个供水总管电动蝶阀(阀5～阀9)、2个轴封供水电动蝶阀(阀13、阀14)、2个压力变送器、1个温度变送器、5个示流信号器(上导、空冷器、下导、水导、轴封供水管示流)；2台加压泵(每台55 kW)、1个尾水冷却器出口电动蝶阀(阀12)、1个水池补水管电动蝶阀(阀15)；1个水池循环水电动蝶阀(阀11)、循环水池水位计1个。

机组开机继电器动作，选择工作加压泵，启动工作加压泵，经延时，打开尾水冷却器出口电动蝶阀12，打开阀5、阀6(阀9)、阀8(阀7)、阀11，供水总管压力和温度正常、上导、空冷器、下导、水导供水管示流正常；否则，切换到备用加压泵，打开阀14，轴封冷却水管压力和示流正常；否则，打开阀13，关闭阀14。

监测循环水池水位，当水位到859.90 m时打开阀15，水位到860.90 m时关闭阀15，水位到859.60 m时发循环水池水位低报警，水位到861.20 m时发循环水池水位高报警。

每次开机轮换加压泵和供水阀6、阀8或阀9、阀7。

4. PLC 的 I/O 点数

DI：40；DO：40；AI：4。

5. 与机组 LCU 通信

主要内容有(但不限于此)：PLC 退出运行；控制电源消失信号；各水泵运行信号；各轴承冷却水示流信号；各电动阀门的位置信号；控制方式自动/手动信号；主/备用泵运行信号；非汛期/汛期运行信号；电动滤水器的故障信号及运行小时数统计；供水系统压力信号和温度信号；循环水池水位信号及报警信号。

三、低压压缩空气系统集中控制装置

低压空气压缩机集中控制设1面控制盘，具体控制内容和要求如下(有关 I/O 点数仅供参考，此点数不包括20%备用点数)。

(一)控制对象

低压空气压缩机控制系统的监控对象为：空气压缩机3台，电机容量15 kW，每台空气压缩机上装有满足单台空气压缩机运行保护的自动化元件。设有贮气罐3个，在制动贮气罐出口总管上装有1个压力变送器(1YB)，用于将制动气压上传到集中控制控制盘。

在检修贮气罐出口总管上装有3个电接点压力表(1JY~3JY),用于空气压缩机启动和停机及报警。

(二)控制方式

设有手动/自动切换开关,完成手动控制方式和自动控制方式的切换。当设在手动控制方式时,可在触摸屏上完成设备的手动控制,还可通过控制盘上的按钮完成设备的手动控制;当设在自动控制方式时,将按设定程序自动完成控制。

设有主/备用空气压缩机切换开关,完成主备用泵的设定轮换,既可随起停次数轮换,也可定时切换。在控制盘上设有控制元件,并可进行故障信号显示、故障信号复归等。

(三)控制要求

(1)初次充气:第一次向贮气罐充气,把空气压缩机控制开关切换到手动方式,用操作按钮启动空气压缩机,当贮气罐压力达到0.8 MPa时,检修贮气罐送气管上的电接点压力表1JY接点接通,空气压缩机自动停机,此时将空气压缩机控制开关切换到自动方式。

(2)工作空气压缩机启动、停止:当任何一贮气罐的压力降低至0.65 MPa时,电接点压力表1JY接点接通,启动1台工作空气压缩机向贮气罐补气。当压力恢复至0.8 MPa时,检修贮气罐送气管上的电接点压力表1JY接点接通,空气压缩机停止运行。

(3)备用空气压缩机启动、停止:当任何一贮气罐的压力降低至0.65 MPa时,如果工作空气压缩机仍不启动或启动后贮气罐压力还继续下降,当压力降低至0.6 MPa时,电接点压力表2JY接点接通,启动备用空气压缩机向贮气罐补气。当压力恢复至0.8 MPa时,电接点压力表2JY接点接通,停止备用空气压缩机运行。在此情况下,PLC应发出报警并显示故障的设备及故障种类,同时,送出工作空气压缩机故障信号。

(4)贮气罐压力过高、过低报警:当任何一贮气罐的压力降低至0.6 MPa,若工作空气压缩机及备用空气压缩机因故障原因均不能启动补气,或虽启动补气但贮气罐压力继续降低至0.55 MPa以下电接点压力表3JY接点接通,PLC应发出报警信号并显示故障设备和故障类型,并将报警信号上送。当任何一贮气罐的压力升高至0.82 MPa,若工作空气压缩机及备用空气压缩机由于故障原因不能停机而仍向贮气罐供气,电接点压力表3JY接点接通,PLC应发出报警信号,此时采用手动按钮关闭空气压缩机。PLC现地显示故障设备及故障类型,并将报警信号上送。

(四)PLC 的 I/O 点数

DI:30;DO:30;AI:2;AO:2。

(五)与公用 LCU 通信

内容包括:PLC运行状态、电源监视、每台低压空气压缩机运行状态及时间、气压高低报警信号、控制方式、总管气压等。

通信方式:采用I/O和总线方式,通信介质为电缆及屏蔽双绞线。

四、中压压缩空气系统集中控制装置

中压空气压缩机集中控制设1面控制盘,具体控制内容和要求如下(有关I/O点数仅供参考,此点数不包括20%备用点数)。

（一）控制对象

中压空气压缩机控制系统的监控对象为：空气压缩机 3 台，电机容量 22.5 kW，每台空气压缩机上装有满足空气压缩机运行保护的自动化元件。在贮气罐出口总管上装有 3 个电接点压力表（1JY～3JY）用于空气压缩机启动和停机及报警，在贮气罐后油压装置供气总管上装有 1 个压力变送器（1YB），用于将调速系统气压上传到集中控制控制盘。

（二）控制方式

设有手动/自动切换开关，完成手动控制方式和自动控制方式的切换。当设在手动控制方式时，可在触摸屏上完成设备的手动控制，还可通过控制盘上的按钮完成设备的手动控制；当设在自动控制方式时，将按设定程序自动完成控制。

设有主/备用空气压缩机切换开关，完成主备用泵的设定轮换，既可随启停次数轮换，也可定时切换。在控制盘上设有控制元件，并可进行故障信号显示、故障信号复归等。

（三）控制要求

（1）初次充气：第一次向贮气罐充气，把空气压缩机控制开关切换到手动方式，用操作按钮启动空气压缩机，当贮气罐压力达到 6.3 MPa 时，供气管上的电接点压力表 1JY 接点接通，空气压缩机自动停机，此时将空气压缩机控制开关切换到自动方式。

（2）工作空气压缩机启动、停止：当任何一贮气罐的压力降低至 6.1 MPa 时，电接点压力表 1JY 接点接通，启动 1 台工作空气压缩机向贮气罐补气。当压力恢复至 6.3 MPa 时，贮气罐送气管上的电接点压力表 1JY 接点接通，空气压缩机停止运行。

（3）备用空气压缩机启动、停止：当任何一贮气罐的压力降低至 6.1 MPa 时，如果工作空气压缩机仍不启动或启动后贮气罐压力还继续下降，当降低至 6.0 MPa 时，则电接点压力表 2JY 接点接通，启动备用空气压缩机向贮气罐补气。当压力恢复至 6.3 MPa 时，电接点压力表 2JY 接点接通，停止备用空气压缩机运行。在此情况下，PLC 发出报警并显示故障的设备及故障种类，同时，将空气压缩机故障信号上送。

（4）贮气罐压力过高、过低报警：当任何一贮气罐的压力降低至 6.0 MPa，若工作空气压缩机及备用空气压缩机因故障原因均不能启动补气，或虽启动补气但贮气罐压力继续降低至 5.8 MPa 以下，电接点压力表 3JY 接点接通，PLC 应发出报警信号并显示故障设备和故障类型，同时将报警信号上送。当任何一贮气罐的压力升高至 6.5 MPa，若工作空气压缩机及备用空气压缩机由于故障原因不能停机而仍向贮气罐供气，电接点压力表 3JY 接点接通，PLC 应发出报警信号并上送，此时采用手动按钮关闭空气压缩机。PLC 现地显示故障设备及故障类型。

（四）PLC 的 I/O 点数

DI：30；DO：30；AI：2；AO：2。

（五）与公用 LCU 通信

内容包括：PLC 运行状态、电源监视、每台中压空气压缩机运行状态及时间、气压高低报警信号、控制方式和总管气压等。

通信方式：采用 I/O 和总线方式，通信介质为电缆及屏蔽双绞线。

五、厂内检修排水控制装置

厂内检修排水控制由 3 面启动盘和 1 面控制盘组成。具体控制内容和要求如下（有关 I/O 点数仅供参考）。

（一）控制对象

厂内检修排水设有 3 台水泵，每台水泵电机容量为 160 kW。

每台水泵润滑供水管路上设有 1 个电磁阀，共 3 个，每台水泵润滑供水管路及水泵出水管路上各设有 1 个示流信号器，共 6 个。

检修集水井设有 2 个不同原理的水位计，输出 4~20 mA 水位信号。

（二）控制方式

每台泵设有手动/自动切换开关，完成设备手动控制和自动控制方式的切换。当设在手动控制方式时，通过控制盘上的按钮完成设备的手动控制；当设在自动控制方式时，将按水位值和设定程序自动完成控制。手动控制不通过 PLC 装置完成。

设有主/备用泵切换开关，完成主/备用泵的设定轮换，既可随起停次数轮换，也可按定时轮换。在启动柜、控制柜上应设有 $1^{\#} \sim 3^{\#}$ 水泵等设备的启动元件和控制元件，并可进行故障信号显示、故障信号复归等。

（三）控制要求

每台水泵电机设 1 台软启动器。所有水泵启动前先启动电磁阀，给水泵加润滑水，延时 2 min，当润滑水示流信号正常时，投入水泵运行，水泵出口示流信号应正常，若水泵出口示流信号不正常，应停泵并发报警信号；当水泵停运后关闭电磁阀，切断润滑水。每次初始排水时，手动启动 3 台水泵，初始排水完成后，水泵的运行转为由水位自动控制，1 台工作、2 台备用。

当检修集水井水位为 836.5 m 时→1 台工作水泵启动→当水位为 834.5 m 时→停水泵。

当检修集水井水位为 836.8 m 时→第 1 台备用泵启动并发报警信号→当水位为 834.5 m时→停水泵。

当检修集水井水位为 837.1 m 时→第 2 台备用泵启动并发报警信号→当水位为 834.5 m时→停水泵

（四）PLC 的 I/O 点数

DI:30;DO:30;AI:4;AO:4。

（五）与公用 LCU 通信

内容包括：PLC 运行状态、电源监视、每台水泵运行状态及时间、水位高报警信号、控制方式和集水井水位等。

通信方式：采用 I/O 和总线方式，通信介质为电缆及屏蔽双绞线。

六、厂内渗漏排水控制装置

厂内渗漏排水控制由 3 面启动盘和 1 面控制盘组成。具体控制内容和要求如下（有关 I/O 点数仅供参考)。

(一)控制对象

厂内渗漏排水设有 3 台水泵,每台水泵电机容量为 132 kW;每台水泵润滑供水管路上设有 1 个电磁阀,共 3 个,每台水泵润滑供水管路及水泵出水管路上各设有 1 个示流信号器,共 6 个;渗漏集水井($2^\#$渗漏集水井)设有 2 个不同原理水位计,输出 4 ~ 20 mA 水位信号。

(二)控制方式

每台泵设有手动/自动切换开关,完成设备手动控制和自动控制方式的切换。当设在手动控制方式时,通过控制盘上的按钮完成设备的手动控制;当设在自动控制方式时,将按水位值和设定程序自动完成控制。手动控制不通过 PLC 装置完成。

设有主/备用泵切换开关,完成主/备用泵的设定轮换,既可随启停次数轮换,也可按定时轮换。在启动柜、控制柜上应设有 $1^\#$ ~ $3^\#$ 水泵等设备的启动元件和控制元件,并可进行故障信号显示、故障信号复归等。

(三)控制要求

每台水泵电机设 1 台软启动器。所有水泵启动前先启动电磁阀,给水泵加润滑水,延时 2 min,当示流信号正常时,投入水泵运行;当水泵出口示流正常后,延时 5 min 后,关闭电磁阀切断润滑水。

当渗漏集水井水位为 840.5 m 时→2 台工作水泵启动→当水位为 834.5 m 时→停水泵。

当渗漏集水井水位为 840.8 m 时→再启动 1 台备用泵并发报警信号。

(四)PLC 的 I/O 点数

DI:30;DO:30;AI:4;AO:4。

(五)与公用 LCU 通信

内容包括:PLC 运行状态、电源监视、每台水泵运行状态及时间、水位高报警信号、控制方式和集水井水位等。

通信方式:采用 I/O 和总线方式,通信介质为电缆及屏蔽双绞线。

七、$11^\#$ ~ $19^\#$ 坝段渗漏排水控制装置

$11^\#$ ~ $19^\#$ 坝段渗漏排水控制由 1 面启动盘和 1 面控制盘组成。具体控制内容和要求如下(有关 I/O 点数仅供参考)。

(一)控制对象

$11^\#$ ~ $19^\#$ 坝段渗漏排水设有 3 台水泵,每台水泵电机容量为 75 kW;每台水泵润滑供水管路上设有 1 个电磁阀,共 3 个,每台水泵润滑供水管路及水泵出水管路上各设有 1 个示流信号器,共 6 个;渗漏集水井($1^\#$渗漏集水井)设有 1 个水位计,输出 4 ~ 20 mA 水位信号。

(二)控制方式

每台泵设有手动/自动切换开关,完成设备手动控制和自动控制方式的切换,当设在

手动控制方式时,通过控制盘上的按钮完成设备的手动控制,当设在自动控制方式时,将按水位值和设定程序自动完成控制。手动控制不通过 PLC 装置完成。

设有主/备用泵切换开关,完成主/备用泵的设定轮换,既可随启停次数轮换,也可按定时轮换。在启动柜、控制柜应设有 1#~3# 水泵等设备的启动元件和控制元件,并可进行故障信号显示、故障信号复归等。

(三)控制要求

每台水泵电机设 1 台软启动器。所有水泵启动前先启动电磁阀,给水泵加润滑水,延时 2 min,当示流信号正常时,投入水泵运行;当水泵出口示流正常后,延时 5 min 后,关闭电磁阀切断润滑水。

当渗漏集水井水位为 850.5 m 时→2 台工作水泵启动→当水位为 845.0 m 时→停水泵。

当渗漏集水井水位为 850.8 m 时→1 台备用泵启动并发报警信号。

(四)PLC 的 I/O 点数

DI:30;DO:30;AI:4;AO:4。

(五)与公用 LCU 通信

内容包括:PLC 运行状态、电源监视、每台水泵运行状态及时间、水位高报警信号、控制方式和集水井水位等。

通信方式:采用 I/O 和总线方式,通信介质为电缆及屏蔽双绞线。

八、下游灌浆廊道渗漏排水控制装置

下游灌浆廊道渗漏排水控制由 1 面启动盘和 1 面控制盘组成。具体控制内容和要求如下(有关 I/O 点数仅供参考)。

(一)控制对象

11#~19# 坝段渗漏排水设有 3 台水泵,每台水泵电机容量为 37 kW;每台水泵出水管路上各设有 1 个示流信号器,共 3 个;每台水泵前设有 1 个电磁阀,共 3 个;每台水泵前后各设有 1 个示流信号器,共 6 个;渗漏集水井(3# 渗漏集水井)设有 1 个水位计,输出 4~20 mA 水位信号。

(二)控制方式

每台泵设有手动/自动切换开关,完成设备手动控制和自动控制方式的切换,当设在手动控制方式时,通过控制盘上的按钮完成设备的手动控制;当设在自动控制方式时,将按水位值和设定程序自动完成控制。手动控制不通过 PLC 装置完成。

设有主/备用泵切换开关,完成主/备用泵的设定轮换,既可随启停次数轮换,也可按定时轮换。在启动柜、控制柜应设有 1#~3# 水泵等设备的启动元件和控制元件,并可进行故障信号显示、故障信号复归等。

(三)控制要求

每台水泵电机设 1 台软启动器。水泵的运行由水位自动控制,2 台工作、1 台备用。

当渗漏集水井水位为 835.5 m 时→2 台工作水泵启动→当水位为 832.9 m 时→停

水泵。

当渗漏集水井水位为835.8 m时→1台备用泵启动并发报警信号。

（四）PLC 的 I/O 点数

DI:30;DO:30;AI:4;AO:4。

（五）与公用 LCU 通信

内容包括:PLC 运行状态、电源监视、每台水泵运行状态及时间、水位高报警信号、控制方式和集水井水位等。

通信方式:采用 I/O 和总线方式,通信介质为电缆及屏蔽双绞线。

九、底孔闸门控制装置

底孔闸门共10孔,每两孔闸门共用1套油泵站,共5套油泵站,每套油泵站及2孔闸门共用1套控制装置,由1面启动柜和1面控制柜组成,共有5套控制装置。每套装置的具体控制内容和要求如下(有关 I/O 点数仅供参考)。

（一）控制对象

每个油泵站设有2台电机,每台油泵电机容量为37 kW,1台工作,1台备用;工作行程:8.6 m;最大行程:8.8 m。

2套内置式绝对型闸门开度传感器、1个油压传感器、2个油压开关、2个限位开关、3个电磁阀控制装置,应为3个电磁阀提供 DC24 V 电源。

（二）控制方式

设有闸门现地/远方控制切换开关,完成设备现地控制和远方控制方式的切换。当设在现地控制方式时,可在触摸屏上完成闸门的开关停以及下滑自动提升的控制,还可通过控制盘上的按钮完成设备的现地控制;当设在远方控制方式时,现地控制装置接收计算机监控系统的控制命令,实现闸门的远方控制,使闸门达到所需开度或泄洪流量。也可按水位值和设定程序自动完成控制。

设有油泵工作/备用切换开关,完成工作/备用泵的设定轮换,既可随启停次数轮换,也可按定时轮换。在启动柜、控制柜应设有 1# ~ 2# 油泵等设备的启动元件和控制元件,并可进行故障信号显示、故障信号复归等。

设有油泵手动/自动控制选择开关,当开关置于手动位置时,通过手动启停按钮,控制油泵的启停。当开关置于自动位置时,油泵的启停由 PLC 控制,PLC 开启工作油泵,当压力低时自动启动备用油泵。

（三）控制要求

启门控制:操作闸门开启后,油泵电机空载启动运行3 ~ 5 s。电机达到额定转速。系统压力电磁溢流阀 S3 带电建压,经延时1 ~ 3 s,电磁换向阀 S1 得电,闸门开启,至上极限位置时(由 PLC 提供位置接点),液压启闭机能自动停机并切断电源,电磁阀组断电。若闸门继续上升,有机械接点闭合,切断电源。

闭门控制:操作闸门下降后,油泵电机空载启动运行3 ~ 5 s。电机达到额定转速。系统压力电磁溢流阀 S3 带电建压,经延时1 ~ 3 s,电磁换向阀 S2 得电,闸门开始下降,至下极限位置时(由 PLC 提供位置接点),液压启闭机能自动停机并切断电源,电磁阀组断电。

闸门下滑回升控制功能:当闸门在全开位置时,由于液压系统泄漏或其他原因,闸门下滑 200 mm 时,液压启闭机应能自动将闸门提升至全开位置;如下滑 200 mm,液压启闭机未能启动,则闸门继续下滑,当闸门下滑 300 mm 时,能自动启动备用油泵电动机,将闸门提升至全开位置,同时发出报警信号。

闸门开度监测:采用内置式绝对型闸门开度传感器,此传感器信号为 4 ~ 20 mA,用于闸门控制,并在液晶显示器上显示。

(四)PLC 的 I/O 点数

DI:40;DO:20;AI:4。

(五)与公用 LCU 通信

内容包括:PLC 运行状态、油泵运行状态、电源状态、操作状态、闸门开度、油压信号、故障保护信号和控制方式现地/远方等。

通信方式:采用总线通信,通信介质为光纤。

十、通风系统控制装置

通风系统控制由通风系统集中控制盘(1 面)、现地控制盘(1 面)和现地控制箱(12 个)组成。具体控制内容和要求如下。

(一)控制对象

通风机 93 台;电动复位防烟防火阀 66 个;远控排烟防火阀 44 个;回风排烟防火阀 11 个;电动风阀 19 个。

(二)控制方式

在现地控制箱上设有风机现地/远方控制切换开关,完成设备现地控制和远方控制方式的切换。当设在现地控制方式时,可在控制箱上实现对风机、电动复位防烟防火阀、回风排烟防火阀、远控排烟防火阀的控制;当设在远方控制方式时,在通风系统集中控制盘上可对全厂所有需控制的风机、电动复位防烟防火阀、回风排烟防火阀、远控排烟防火阀进行控制。

(三)控制的总体要求

控制箱上设置智能 I/O 装置、交流接触器、继电器、相应的保护装置、远方/现地控制切换开关、风机启停按钮及风机状态指示灯等附件。完成风机启停控制、风(烟)阀启停控制、通风风(烟)阀与风机联动启停控制。风机运行状态、风机故障报警、风机运行时间累计、风(烟)阀启停状态、风机轴承温度(测温并具有报警输出)、电机电流电压的监视显示并上送通风系统集中控制盘。

通风系统集中控制盘设置控制主机完成风机启停控制、风(烟)阀启停控制、通风风(烟)阀与风机联动启停控制。风机运行状态、风机故障报警、风机运行时间累计、风(烟)阀启停状态、电机电流电压的监视显示。通风集中控制柜同时应具有与厂内通信服务器和火灾自动报警系统连接的数据接口,实现通风系统信息上送计算机监控系统以及风机与火灾报警系统联动。

通风系统集中控制盘、控制箱均采用交流及直流 220 V 双路供电,所有阀的直流 24 V 电源均由控制箱供电。

正常送风、排风时所有风机 24 h 运转,电动复位防烟防火阀、回风排烟防火阀随风机联动,远控排烟防火阀正常时处于关闭状态,当发生火灾,风道内的温度达到 70 ℃时电动复位防烟防火阀自动关闭且联动相应送、排风机关闭;当需要排烟时,手动打开排风机,联动打开回风排烟防火阀、电动复位排烟防火阀,相应送风机、电动复位防烟防火阀启动,当排烟温度达到 280 ℃时,远控排烟防火阀、回风排烟防火阀自动关闭,将联动送、排风机停机。设有气体灭火的部位,灭火前应关闭相应部位的电动复位防烟防火阀、电动风阀、回风排烟防火阀、远控排烟防火阀,联动风机停机。灭火后需在通风系统集中控制盘发信号打开远控排烟防火阀(上下并列安装 2 个远控排烟防火阀时,下部阀为排灭火气体,上部阀为排烟),联动送、排风机及电动复位防烟防火阀、回风排烟防火阀启动。

(四)详细控制要求

(1)在主厂房主风机房设置 1 台离心送风机,功率 30 kW,1 个电动复位防烟防火阀。正常通风时电动复位防烟防火阀随风机联动,发生火灾时,风道内的温度达到 70 ℃时电动复位防烟防火阀自动关闭且联动风机关闭。风机能现地手动/自动控制、远方通风控制盘控制及远方消防联动盘控制(通过硬接线到控制箱),在主风机房设置 1 面通风控制盘,通风机启动采用软启动。

(2)在主厂房 1#风机房设置 1 台混流送风机,功率 3 kW,2 个电动复位防烟防火阀;设置 1 台高温消防排烟风机,功率 5.5 kW,7 个电动复位防烟防火阀,14 个远控排烟防火阀,2 个回风排烟防火阀。正常通风时电动复位防烟防火阀、回风排烟防火阀随风机联动,远控排烟防火阀正常时处于关闭状态,当发生火灾,风道内的温度达到 70 ℃时电动复位防烟防火阀自动关闭且联动相应送、排风机关闭;当需要排烟时,手动打开排风机联动打开回风排烟防火阀、电动复位排烟防火阀,相应送风机、电动复位防烟防火阀启动,当排烟温度达到 280 ℃时远控排烟防火阀、回风排烟防火阀自动关闭将联动送、排风机停机。设有气体灭火的部位,灭火前应关闭相应部位的电动复位防烟防火阀、回风排烟防火阀、远控排烟防火阀,联动风机停机。灭火后需在通风系统集中控制盘发信号打开远控排烟防火阀(上下并列安装 2 个远控排烟防火阀时,下部阀为排灭火气体,上部阀为排烟),联动送、排风机及电动复位防烟防火阀、回风排烟防火阀启动。风机能现地手动/自动控制、远方通风控制盘控制及远方消防联动盘控制(通过硬接线到控制箱),在 1#风机房设置 1 面通风控制箱。

(3)1#~4#、5#机压配电室 1#、2#400 V 配电室设置如下:夏季运行时设置 9 台送风机(功率 7×0.75 kW,2×0.18 kW),9 个电动复位防烟防火阀,设置 15 台排风机(功率 13×1.5 kW,2×0.55 kW),19 个电动风阀。冬季运行时设置 9 台送风机(功率 7×0.75 kW,2×0.18 kW),9 个电动复位防烟防火阀(同夏季运行);设置 8 台排风机(功率 6×0.75 kW,2×0.55 kW,其中 2×0.55 kW 同时参与夏季运行时),6 个电动复位防烟防火阀,19 个电动风阀。正常通风时电动复位防烟防火阀、电动风阀随风机联动,发生火灾时,风道内的温度达到 70 ℃时电动复位防烟防火阀自动关闭且联动相应风机、电动风阀关闭。风机能现地手动/自动控制、远方通风控制盘控制。在 1#~4#机压配电室设置 1 面通风控制箱。

(4)电缆通道设置 8 台送风机(功率 7×0.12 kW,1×0.09 kW),8 个电动复位防烟防火阀;设置 2 台排风机(功率 1×7.5 kW,1×0.55 kW),7 个电动复位防烟防火阀,14 个远控排烟防火阀,1 个回风排烟防火阀。正常通风时电动复位防烟防火阀、回风排烟防火阀随风机联动,远控排烟防火阀正常时处于关闭状态,当发生火灾,风道内的温度达到 70 ℃时电动复位防烟防火阀自动关闭且联动相应送、排风机关闭;当需要排烟时,手动打开排风机联动打开回风排烟防火阀、电动复位排烟防火阀,相应送风机、电动复位防烟防火阀启动,当排烟温度达到 280 ℃时远控排烟防火阀、回风排烟防火阀自动关闭将联动送、排风机停机。设有气体灭火的部位,灭火前应关闭相应部位的电动复位防烟防火阀、回风排烟防火阀、远控排烟防火阀,联动风机停机。灭火后需在通风系统集中控制盘发信号打开远控排烟防火阀(上下并列安装 2 个远控排烟防火阀时,下部阀为排灭火气体,上部阀为排烟),联动送、排风机及电动复位防烟防火阀、回风排烟防火阀启动。风机能现地手动/自动控制、远方通风控制盘控制及远方消防联动盘控制(通过硬接线到控制箱)。在 2# 风机房设置 1 面通风控制箱。

(5)技术供水室设置 1 台排风机,功率 4 kW,2 个电动复位防烟防火阀。正常通风时电动复位防烟防火阀随风机联动,发生火灾时,风道内的温度达到 70 ℃时电动复位防烟防火阀自动关闭且联动相应风机关闭。风机能现地手动/自动控制、远方通风控制盘控制。在技术供水室设置 1 面通风控制箱。

(6)低压空压机室、2# 集水井泵房、检修排水泵房、机修间共设置 7 台送、排风机(功率 3×0.25 kW,2×0.37 kW,2×0.09 kW)。风机能现地手动/自动控制、远方通风控制盘控制。在低压空压机室设置 1 面通风控制箱。

(7)中压空压机室共设置 2 台送、排风机,功率 2×0.09 kW。风机能现地手动/自动控制、远方通风控制盘控制。在中压空压机室设置 1 面通风控制箱。

(8)油库、油处理室设置 2 台送风机(功率 1×0.18 kW,1×0.12 kW),2 个电动复位防烟防火阀;设置 1 台排风机,功率 1.5 kW,2 个电动复位防烟防火阀,2 个远控排烟防火阀,2 个回风排烟防火阀。二氧化碳瓶占间共设置 2 台送、排风机,(功率 1×0.18 kW,1×0.55 kW),1 个电动复位防烟防火阀。正常通风时电动复位防烟防火阀、回风排烟防火阀随风机联动,远控排烟防火阀正常时处于关闭状态,当发生火灾,风道内的温度达到 70 ℃时电动复位防烟防火阀自动关闭且联动相应送、排风机关闭;当需要排烟时,手动打开排风机联动打开回风排烟防火阀、电动复位排烟防火阀,相应送风机、电动复位防烟防火阀启动,当排烟温度达到 280 ℃时远控排烟防火阀、回风排烟防火阀自动关闭将联动送、排风机停机。设有气体灭火的部位,灭火前应关闭相应部位的电动复位防烟防火阀、回风排烟防火阀、远控排烟防火阀,联动风机停机。灭火后需在通风系统集中控制盘发信号打开远控排烟防火阀(上下并列安装 2 个远控排烟防火阀时,下部阀为排灭火气体,上部阀为排烟),联动送、排风机及电动复位防烟防火阀、回风排烟防火阀启动。风机能现地手动/自动控制、远方通风控制盘控制及远方消防联动盘控制(通过硬接线到控制箱)。在 4# 风机房设置 1 面通风控制箱。

(9)厂房与 GIS 之间电缆通道设置 1 台排风机,功率 0.55 kW,2 个电动复位防烟防火阀,2 个远控排烟防火阀。正常通风时电动复位防烟防火阀随风机联动,远控排烟防火阀正常时处于关闭状态,当发生火灾,风道内的温度达到 70 ℃时电动复位防烟防火阀自动关闭且联动相应送、排风机关闭;当需要排烟时,手动打开排风机联动打开电动复位排烟防火阀,相应送风机、电动复位防烟防火阀启动,当排烟温度达到 280 ℃时远控排烟防火阀自动关闭将联动送、排风机停机。设有气体灭火的部位,灭火前应关闭相应部位的电动复位防烟防火阀、远控排烟防火阀,联动风机停机。灭火后需在通风系统集中控制盘发信号打开远控排烟防火阀(上下并列安装 2 个远控排烟防火阀时,下部阀为排灭火气体,上部阀为排烟),联动送、排风机及电动复位防烟防火阀启动。风机能现地手动/自动控制、远方通风控制盘控制及远方消防联动盘控制(通过硬接线到控制箱)。在厂房与 GIS 之间电缆通道设置 1 面通风控制箱。

(10)GIS 室电缆层设置 5 台送风机(功率 1×0.09 kW,2×0.06 kW,2×0.55 kW),5 个电动复位防烟防火阀;设置 2 台排风机(功率 1×1.5 kW,1×3 kW),5 个电动复位防烟防火阀,10 个远控排烟防火阀,6 个回风排烟防火阀。正常通风时电动复位防烟防火阀、回风排烟防火阀随风机联动,远控排烟防火阀正常时处于关闭状态,发生火灾时,风道内的温度达到 70 ℃时电动复位防烟防火阀自动关闭且联动相应送、排风机关闭;当需要排烟时,手动打开排风机联动打开回风排烟防火阀、电动复位排烟防火阀,相应送风机、电动复位防烟防火阀启动,当排烟温度达到 280 ℃时远控排烟防火阀、回风排烟防火阀自动关闭将联动送、排风机停机。设有气体灭火的部位,灭火前应关闭相应部位的电动复位防烟防火阀、回风排烟防火阀、远控排烟防火阀,联动风机停机。灭火后需在通风系统集中控制盘发信号打开远控排烟防火阀(上下并列安装 2 个远控排烟防火阀时,下部阀为排灭火气体,上部阀为排烟),联动送、排风机及电动复位防烟防火阀回、风排烟防火阀启动。风机能现地手动/自动控制、远方通风控制盘控制及远方消防联动盘控制(通过硬接线到控制箱)。在 GIS 室电缆层设置 1 面通风控制箱。

(11)GIS 室设置 8 台送风机,功率 8×0.18 kW,设置 8 台排风机,功率 8×0.18 kW,平时运转 4 台送风机及下部 4 台排风机,事故后运转全部送、排风机。风机能现地手动/自动控制、远方通风控制盘控制。在 GIS 室设置 1 面通风控制箱。

(12)副厂房电缆层、七氟丙烷室、蓄电池室设置 2 台送风机,功率 2×0.12 kW,3 个电动复位防烟防火阀;3 台排风机(功率 1×2.2 kW,2×0.12 kW),3 个电动复位防烟防火阀,2 个远控排烟防火阀。正常通风时电动复位防烟防火阀随风机联动,远控排烟防火阀正常时处于关闭状态,发生火灾时,风道内的温度达到 70 ℃时电动复位防烟防火阀自动关闭且联动相应送、排风机关闭;当需要排烟时,手动打开排风机联动打开电动复位排烟防火阀,相应送风机、电动复位防烟防火阀启动,当排烟温度达到 280 ℃时远控排烟防火阀自动关闭将联动送、排风机停机。设有气体灭火的部位,灭火前应关闭相应部位的电动复位防烟防火阀、远控排烟防火阀,联动风机停机。灭火后需在通风系统集中控制盘发信号打开远控排烟防火阀(上下并列安装 2 个远控排烟防火阀时,下部阀为排灭火气体,上部阀为排烟),联动送、排风机及电动复位防烟防火阀、回风排烟防火阀启动。风机能现地手动/自动控制、远方通风控制盘控制及远方消防联动盘控制(通过硬接线到控制箱)。在副厂房电缆层设置 1 面通风控制箱。

（13）站外油库设置4台送、排风机，每台功率4×0.18 kW。风机能现地手动/自动控制、远方通风控制盘控制。在 GIS 室设置1面通风控制箱。

（14）底孔起闭机房设置4台送、排风机，每台功率4×0.55 kW。风机能现地手动/自动控制、远方通风控制盘控制。在底孔起闭机房设置1面通风控制箱。

第六章 继电保护系统

第一节 概 述

一、继电保护系统设备配置

(1)220 kV 线路保护装置 4 套组盘 4 面(两侧各 2 面);

(2)220 kV 母线保护及断路器失灵保护装置 4 套组盘 4 面(两侧各 2 面);

(3)厂内电能表盘 2 面(两侧各 1 面);

(4)关口电能表盘 2 面(两侧各 1 面);

(5)电能量计费系统 2 套(两侧各 1 套);

(6)220 kV 故障录波装置 2 套组盘 2 面(两侧各 1 面)及 100 MW 发电机组故障录波装置 4 套组盘 4 面;

(7)主变压器保护装置 10 套组盘 15 面;

(8)发电机保护(含励磁变压器保护)装置 9 套组盘 9 面;

(9)保护及故障录波信息管理子站 2 套(两侧各 1 套);

(10)安全自动装置 2 套(两侧各 1 套)。

二、装置基本要求

本节所提出的要求适用于每一套装置或每一面柜及其相互之间的配合要求,同时,每一套装置或每一面柜分别满足其特定的要求。

(1)装置符合继电保护可靠性、选择性、灵敏性和速动性的要求,整机性能指标要求优良,装置长期运行可靠,具有较强的抗干扰能力。

(2)系统不设置单独的接地网,接地线连接电站的接地网,接地电阻小于 1 Ω。

(3)所有保护装置均采用微机型保护装置,多 CPU 方式。保护用直流电源为 220 V。

(4)系统的硬件和软件应连续监视,如硬件有任何故障或软件程序有任何问题应立即报警。

(5)柜中的插件应具有良好的互换性,以便检修时能迅速地更换。

(6)每套装置具有标准的试验插件和试验插头,以便对各套装置的输入及输出回路进行隔离或通入电流、电压进行试验。

(7)每套装置保护出口回路中应有连接片,以便在运行中能够分别断开,防止引起误动。出口继电器接点容量大于 5 A、DC220 V。

（8）各套装置与其他设备之间采用光电耦合和继电器接点进行连接,不应有电的直接联系。

（9）系统具有良好的人机界面,具有至少 10 in 液晶显示屏,触摸屏选用施耐德或优于它的产品,具有实时运行参数显示功能。保护定值更改能安全方便地在屏前进行。

（10）装置满足设备保护范围的要求,每一种保护都应有较宽的整定范围,并能无级调节。

（11）保护装置主保护整组动作时间不大于 25 ms。

（12）装置具有故障记录功能及故障录波功能,并配有打印机接口。同时,提供相应的分析软件,通过分析软件可分析保护内部各元件的动作过程。

（13）每套装置具有 GPS 对时功能,能接收脉冲对时信号。

（14）每套装置提供以下接口:具有 RS232 接口,可与 PC 机相连,该接口用于保护的整定和读出事件、故障数据和测量值。各装置应具有 RS485 通信接口,完成与保护及故障信息系统通信,通信规约为 IEC60870 – 5 – 103。保护装置具有至少 3 组信号及故障接点输出。信号输出接点至少满足下列要求:带自保持信号接点用于动作保护,无自保持信号接点用于发信号。带自保持的中央信号接点的开断容量应大于 30 W,复归按钮装置在屏上适当位置,以便于运行人员操作。当电流电源消失时,该接点能维持在闭合状态,只有当运行人员复归后,该接点才能复归,信号还能够远方复归。

（15）保护装置在发生下列情况之一时,不应发生误动现象:直流电源的投、切或其电压在 80% ~115% 波动时;直流回路一点接地时;保护继电器元件故障时;电力系统发生震荡时;电压互感器二次回路断线时;电流互感器二次回路开路时;机组开机、停机时;大气过压及电磁波干扰时;保护装置通、断电时等。

第二节 220 kV 线路保护的要求

一、保护配置

220 kV 线路配置双套完全独立的数字式分相电流差动保护(包括完整独立的后备保护)。每套分相电流差动保护分别设置在 1 面独立的保护柜中。

每套保护装置均含重合闸功能,2 套重合闸均采用一对一启动和开关位置不对应启动方式。

1 面保护柜配置为:1 套光纤分相电流差动主、后备保护及重合闸装置,1 台分相操作箱及交流打印机 1 台。保护通道采用专用光纤芯方式。

另 1 面保护柜配置为:1 套光纤分相电流差动主、后备保护及重合闸装置,交流打印机 1 台。保护通道采用复用光纤通道方式。

二、保护装置要求

（1）保护装置采用微机型。每个电流采用回路应能满足 $0.1I_n$ 以下适用要求:在

$(0.05\sim20)I_n$ 或者 $(0.1\sim40)I_n$ 时,测量误差不大于 5%。保护装置的采用回路适用 A/D 冗余结构,采样频率不应低于 1 000 Hz。

(2)每套保护装置除传送保护信息外,至少能同时传递 2 个远方信号,设备之间的连接使用光电耦合或继电器接点连接。通道应有长期监视,对任何通道不正常情况,都有相应的对策,并发出告警信号,见表 6-1。

表 6-1 保护装置信息要求

命令输入	收信输出接点数量	收信告警接点数量
命令 1	4	4
命令 2	4	4

(3)保护采用快速动作,功率消耗小,性能完善,并可满足光纤直连的要求。

(4)线路在空载、轻载、满载等各种条件下,在保护范围内发生金属性和非金属性的各种故障(包括单相接地,两相接地,两相不接地短路,三相短路及复合故障、转换性故障等)时,保护能正确动作。

(5)保护范围外部正方向或反方向发生金属性或非金属性故障时,装置不应误动。

(6)外部故障切除、外部故障转换、故障功率突然倒向、系统操作及通道切换等情况下,保护不应误动作。

(7)非全相运行时,无故障不应误动,若健全相又发生任一种类型故障,能正确地瞬时动作跳三相。

(8)手动合闸或自动重合闸于故障线路上时,可靠瞬时三相跳闸;手动合闸或自动重合闸于无故障线路上时,可靠不动作。

(9)当本线全相或非全相振荡时:无故障应可靠闭锁保护装置。如发生区外故障或系统操作,装置可靠不误动。如在本线路发生故障,除电流差动保护外,允许以短延时切除故障,并且延时可以调整。重合到永久性故障,装置应迅速可靠切除故障;重合到无故障线路,不动作。保护装置中一般应设置不经振荡闭锁的保护段。

(10)保护装置有容许 100 Ω 故障电阻的能力,供方提供最大允许的故障电阻资料。

(11)每套速断主保护应有独立的选相功能,选相元件应保证在各种条件下正确选择故障相,非故障相选相元件不应误动。

(12)装置应具有单相和三相跳闸逻辑回路。跳开一相后,相继故障或重合到永久故障跳开三相。

(13)单相接地故障时单相跳闸,所有其他故障时三相跳闸。

(14)保护装置在电压互感器次级断线或短路时不应误动作,这时应闭锁有电压输入的保护,并发出告警信号。

(15)保护装置在电流互感器次级开路时(一相或二相开路),不应误动作,并发出告警信号。

(16)距离保护具有瞬时跳闸的第一段,它在各种故障情况下的暂态和稳态超越应小于 5% 整定值。

（17）距离继电器不应采用随故障种类进行电流电压回路切换的方式，且每一段有独立的阻抗元件。

（18）保护装置保证出口对称三相短路时可靠动作，同时保证反方向出口经小电阻故障时动作的正确性。

（19）保护装置能可靠启动失灵保护，直到故障切除，线路电流元件返回为止。

（20）距离保护Ⅰ段的动作时间近故障端应不大于 20 ms；电流差动保护不大于 30 ms。

（21）保护装置返回时间（从故障切除到装置跳闸出口接点返回），应不大于 30 ms，电流差动保护不大于 60 ms。

（22）保护装置技术规范满足长线路弱电源的要求。

阻抗元件的最小工作电压不大于 0.25 V；阻抗元件的最小工作电流不大于 $0.1I_n$。

（23）各装置整定值安全，方便在屏前更改。

（24）在保护柜中装设 1 只控制开关，当通道检修时用来退出纵联保护。主保护与后备保护能分别用压板退出。

（25）线路保护满足主接线需要的跳闸接点，单相重合闸及三相重合闸启动输出接点，断路器分相启动失灵接点，闭锁重合闸接点等的输出。线路保护输出接点除满足信号接点外至少满足表 6-2 要求。

表 6-2　　　　　　　　　　　　　线路保护输出接点数量

	功能	数量
1	A、B、C 分相跳闸	2
	三相跳闸	2
2	A、B、C 分相跳闸启动失灵保护	2
	三相跳闸启动失灵保护	2
3	A、B、C 分相跳闸启动重合闸	2
	三相跳闸启动重合闸	2
4	线路保护总启动	2
5	闭锁重合闸	2
6	线路保护返回	2
7	A、B、C 分相跳闸（备用）	2
	三相跳闸	2

三、分相电流差动保护要求

分相电流差动保护装置具有比率制动特性，在两侧启动元件和本侧差动元件同时动作才允许差动保护出口。

分相电流差动保护要求按相进行电流比较，并进行数据同步，保证所比较电流为同一时刻线路两侧电流。

线路两侧分相电流差动保护装置互相传输可供用户征订的通道识别码,并对通道识别码进行校验,校验出错时告警并闭锁差动保护。

分相电流差动保护装置应具有通道告警监视功能,实时记录并累计丢帧、错误帧等通道状态数据,通道严重故障时告警。

装置具有一定的录波功能。

装置的测距误差应小于2%。

差动保护适应两侧 TA 变比不同。

TA 饱和不能影响差动保护的动作行为。

交流电压引入回路应经 ZKK 开关。

四、操作箱的功能要求

(1)操作箱具有断路器的 2 组跳闸三相跳闸回路、2 组跳闸分相跳闸回路及 1 组分相合闸回路,跳闸具有自保持回路。操作箱内的保护三跳继电器分别有启动失灵、启动重合闸的 2 组三跳继电器(TJQ);启动失灵、不启动重合闸的 2 组三跳继电器(TJR);不启动失灵、不启动重合闸的 2 组三跳继电器(TJF)。

(2)操作箱具有手跳、手合输入回路。有重合闸输入回路。

(3)操作箱具有断路器重合闸压力闭锁回路、断路器的防跳、跳合闸压力闭锁及压力异常、三相位置不一致宜设置在断路器就地机构箱内。

(4)操作箱设有断路器合闸位置、跳闸位置和电源指示灯。

(5)操作箱设有断路器合闸位置、跳闸位置和操作电源监视回路,操作箱跳、合闸回路及跳、合闸监视回路要分别引上端子。

(6)操作箱具有远方复归回路,远方复归回路要引上端子。

(7)两组操作电源的直流空气开关设在所在屏(柜)上。操作箱中不设置两组操作电源的自动切换回路,公用回路采用第一组操作电源。

五、数字接口的技术要求(用于复用通道)

(1)数字接口能满足光纤通信电路传输继电保护信号的要求。

(2)数字接口满足光纤型通道,传输速率:2 Mb/s,输入阻抗 75 Ω,DC -48 V。

(3)继电保护装置对光纤通道的误码应有可靠的防护措施,确保通道传输发生误码时,不造成保护误动,对通道误码率要求不应小于 1×10^{-4}。

(4)数字接口与光纤通信复用设备相连符合 CCITT 建议的 G703 同向接口条款。

(5)在通信机房设置 1 面光电转换接口柜,直流电源 -48 V,为每个光电转换接口装置配接独立的直流空气开关。柜体尺寸:2 260 mm×600 mm×600 mm。

(6)保护与光电转换及数字接口的连接要求采用光纤连接。随柜并按供货范围提供带接头尾纤。

(7)光电转换及数字接口与光纤终端设备之间要求采用同轴电缆连接。

第三节　220 kV 母线保护的要求

220 kV 母线一侧为双母线,一侧为单母线接线,均采用双重化保护配置共 4 套,具有自适应能力,可适应母线的不同变比及各种运行方式。微机母线保护包括电流差动保护、断路器失灵保护及复合电压闭锁回路等。交流输入电流:1 A;交流输入电压:100 V,每套主保护和后备保护共用 1 组电流互感器,要求如下。

(1)保护装置必须正确反映母线上区内外的各种类型故障。在特殊情况下,正确动作:空充母线、相继故障、死区故障、母联开关失灵、区内故障时某一开关拒动以及区外故障转为区内故障等,在这些情况下,保护装置应能可靠快速切除故障,并尽可能缩小切除范围。

(2)保护装置对各种类型的区外故障不应由于电流互感器的饱和以及短路电流中的暂态分量而误动。

(3)保护装置能适应电流互感器变比不一致的情况,对电流互感器的特性不应有特殊要求。

(4)保护装置能适应被保护母线的各种运行方式。

(5)在双母线上所连接的元件倒闸操作过程中保护装置不应误动作,如在倒闸操作过程中发生故障保护装置正确动作(应有互连压板)。

(6)如果双母线上发生相继故障时,保护装置能正确相继切除故障母线。

(7)区外故障及投入主变压器产生励磁涌流时,保护装置在此稳态及暂态的干扰下不应误动。

(8)装置的各跳闸回路应与低电压、零序电压和负序电压的闭锁回路接点一一对应,母联及分段断路器的跳闸回路不串电压闭锁回路接点。各跳闸回路分别装设跳闸压板。采用双跳闸出口。

(9)装置具备防止交流回路断线及元件或逻辑回路异常时产生的误动作,并均发出告警信号。保护装置动作、闭锁元件动作、直流消失、装置异常、充电保护动作等除均发中央信号外,给事件记录和远动遥测提供相应接点。

(10)直流电源在85% ~110 %内保护装置正确动作,直流回路接地时,保护装置不应误动。直流电源纹波系数不大于2%时,装置正确工作。

(11)每套装置有自己的直流熔断器或进口快速小开关(直流特性),并与装置安装在同一柜上。直流电源回路出现各种异常情况(如短路、断线、接地等)装置不应误动,拉合直流电源以及插拔熔丝发生重复击穿的火花时,装置不误动。

(12)保护不应在进行倒闸操作时由于母联 TA 的负担不平衡造成错判 TA 断线,闭锁母差。

(13)保护具有远传功能,要求带有本地和远方通信接口,以实现就地和远方查询故障和保护信息等,所采用的通信规约应具有通用性和标准化。并要求保护采用 IRIG – B

码(RS485)对时,对时误差小于 1 ms。应提供通信规约(含自定义部分),并提供必要的技术支持。装置提供至少 1 个独立的以太网接口和 1 个 RS485 接口,规约采用 DL/T 667—1999 继电保护设备信息接口配套标准(IEC60870 - 5 - 103)。1 个 RS485 口用于监控系统(至监控系统的保护信息应含有保护投退、重合闸投退及保护定值修改的功能),1 个以太网口用于保护及故障信息远传系统(应上传保护动作报告的所有信息)。

(14)母线保护在外部故障穿越电流周期分量为 30 倍的额定电流时保护不应误动作。

(15)交流电压引入回路经 ZKK 开关。

(16)母线保护设置独立的"解除失灵保护电压闭锁"的开入接点。当该连接元件起动失灵保护开入接点和"解除失灵保护电压闭锁"的开入接点同时动作后,能自动实现解除该连接元件所在母线的失灵保护电压闭锁。

(17)母线保护具备 TA 电流自封功能。

第四节　关口电能计量系统

一、关口电能计量系统概况

为适应厂网分开后市场经济的需要,满足计费主站对关口电能量计量的要求,同时满足电厂对所发电量及上网电量、下网电量进行监视,在水电站装设 1 套关口电能计量系统,包括关口电度表(柜)、电能量远方终端及传输设备等。电能量远方终端采集各关口电度表的电量信息,通过网络方式向电能计费主站系统传送,同时向现场显示终端设备传送。现场显示终端设备(可与关口电能计量系统配套,也可和电厂网络监控等系统公用显示终端)用于电厂内部电量核算,完成关口电量的统计、报表等功能。关口电度表须符合关口电度表选型的要求。

二、关口点设置

水电站电能量计量关口点为:2 条 220 kV 线路侧,关口点电度表按 1 + 1 配置,0.2S 级。另外,为了满足厂内计量考核的需要,在 5 台机主变高压侧和发电机出口装设考核用关口电度表,1 + 0 配置,0.2S 级。

本期关口电度表共 14 块。

三、电量传输方式及传输规约

(1)向计费主站采用网络传输方式。

(2)进行电能量计量系统厂站端和主站端的联调,并保证电能量信息的准确传送。

四、关口电度表(柜)功能及性能要求

(1)关口电度表具有分时电量累计功能,并具备面板显示功能。

(2)可计费主站传送带时标的正向有功、反向有功、正向无功、反向无功。

(3)关口电度表精度分别为0.2S级。应采用三相四线接线方式。

(4)关口电度表至少应有2个RS485数据输出和脉冲输出2种接口。

(5)要求关口电度表远传的为表底值。

(6)计费主站可修改关口电度表的运行参数,如峰、谷、平的时段设置等。

(7)能接收电厂网络监控系统(NCS)GPS对时信号,能定时与计费主站进行时间同步。

(8)当通道故障恢复后,能自动或应主站召唤将数据及附带时标补传。

(9)具有在当地或远程(主站)加载数据库及修改数据参数的功能。

(10)具有与电能量远方终端及其他智能设备接口的能力。

(11)关口电度表也可以与手持式电度量读入器、抄表机等通信。

(12)当表计所接线路PT回路断电或通道故障,表计不能传送数据时,电度表能保存至少7 d的数据。

(13)关口电度表应满足多通道、多通信协议及数据网络传输要求。具有主、备通道通信功能。主、备通道可采用不同的传输速率。

(14)具备电压失压计时和告警功能。

五、电能量远方终端功能要求

电能量远方终端(电能累计量采集设备)具有对电能量进行采集、数据处理、分时存储、长时间保存、远方传输及与其他智能设备的接口等功能。可完成电能量自动抄表,实现电能量远方计量。

(1)采集电能量(数字或脉冲形式)向远方传送,并能对4种或以上不同费率进行标记。

(2)失电后能长期存储电能量数据信息。

(3)具有分时段,即按尖、峰、谷、平不同时段存储电能量数据信息的功能。

(4)能符合不同调度端,不同采集周期的计费数据要求。

(5)交直流冗余的双电源供电,互为热备。

(6)可记录并报告开机时间、关机时间、各模块工作情况、电源故障、参数修改记录等状态信息及事件顺序记录,并可进行远方查询和当地查询。

(7)具有对时功能,能与主站或与全球定位系统GPS对时。

(8)具有程序自恢复功能。

(9)具有设备自诊断(故障诊断到插件级)和接受远方诊断的功能及声或光的故障报警。

（10）能适应电话通道、专线通道和数据网络等多种通信方式,对于电话通道有软件拨号。

（11）具有密码设计和权限管理功能,防止非法操作。

（12）具有当地或远方参数设置功能。

（13）支持多种电子式电度表,支持多种规约。

（14）支持在线换表,修改配置。

（15）支持便携电脑现场抄录数据。

（16）具有与 2 个及以上主站通信的功能,向主站传送的所有数据和信息均带有时标。

（17）要求电源和各类通道出入口具有防雷、防过电压措施。

（18）可与电厂其他系统(网络监控系统等)的显示设备接口,实现关口电能量的当地显示、统计、报表等功能。

六、电能量远方终端性能要求

（1）接入电子式电度表数量应不小于 64 块。

（2）电度量采集存储周期 1～60 min 可调。在失电情况下,电能量数据和参数能准确保存 7 d 以上。

（3）存储容量:32 MB 及以上,可升级。

（4）交流电源:220 V ± 20% ,50 Hz;直流电源:220 V/110 V ± 20% 。

（5）电能量的误差不大于 ±1 个脉冲输入。

（6）脉冲输入回路:采用光电隔离及抗电磁干扰电路。

（7）脉冲宽度:大于 10 ms。接口电平:DC0～24 V,0～48 V。

（8）串行编码数据输入:采用 RS485 或 RS232 接口。

（9）适应不同的通道网络结构(点对点、星形、多点共线等)及传输速率。传输规约应符合 DL/T 719 的规定。

（10）具有 4 种及以上费率。24 h 内至少具有 8 个可以任意编程划分的时段。

（11）平均无故障工作时间(MTBF)不低于 50 000 h。

（12）日计时误差不大于 0.5 s/d。

第五节　故障录波装置盘

故障录波装置盘共 6 面,分别为:100 MW 机组各设 1 面共 4 面,220 kV 设备两侧各设 1 面。

一、一般性能要求

（1）故障录波器装置的技术条件应符合 DL/T 553—1994《220～500 kV 电力系统故

障动态记录技术准则》及 DL/T 663—1999《220～500 kV 电力系统故障动态记录装置检测要求》标准。

（2）装置具备故障测距、自动校对时钟、故障信息综合分析处理和故障信息自动远传等功能。

（3）装置中各元件的测量误差,在工作条件下应小于 2%。

（4）当频率在 49.5～50.5 Hz 间变化时,设备应能正常工作。

（5）直流电源:直流电源电压在 85%～110% 额定值范围内变化时,装置应正确工作。直流电源纹波系数 <2% 时,装置应正确工作。装置有自己的直流熔断器或进口直流快速小开关,并与装置安装在同一柜上。当直流电源失电时,应用一副接点发出报警信号。

（6）在系统正常运行期间,装置的任何一个元件故障发出报警信号。

（7）监视和自检:装置连续监视,如有任何故障立即报警。

（8）在雷击过电压,一次回路操作,开关场故障及其他强干扰作用下,在二次回路操作干扰作用下,装置正确工作,装置的高频干扰试验、静电放电试验、辐射电磁场干扰试验、快速瞬变干扰试验应符合下列标准:

IEC255 - 22 - 1　　　　　Ⅲ级

IEC255 - 22 - 2　　　　　Ⅲ级

IEC255 - 22 - 3　　　　　Ⅲ级

IEC255 - 22 - 4　　　　　Ⅲ级

（9）装置的交流耐压试验应符合 IEC 标准。

（10）装置中的插件应具有良好的互换性,以便检修时能迅速地更换。

（11）每套保护装置每相交流电流回路额定功率消耗小于 0.5(1) VA。

每套保护装置每相交流电压回路额定功率消耗小于 0.5(1) VA。

（12）装置与其他设备之间采用光电耦合和继电器接点进行连接,没有电的直接联系。带自保持的中央信号接点的开断容量应大于 30 W,复归按钮应装在屏上适当位置,以便于运行人员操作。当直流电源消失时,该接点能维持在闭合状态,只有当运行人员复归后,该接点才能复归。

二、特殊性能要求

（1）故障录波器有足够数量的起动元件,在系统发生故障及振荡时可靠启动装置,并有外部启动接点的接入回路。

（2）故障录波器能至少连续记录 10 次系统故障或系统扰动引起的系统电流、电压、有功功率、无功功率及系统频率数据（含长过程）,应有很强的抗干扰措施防止数据丢失（软件设计及硬件设计）。

（3）故障录波器有测距功能,测距误差应小于线路全长的 3%（金属性故障）。测出的距离值应有显示,并可远传。

（4）故障录波器能对电力系统进行连续监视,任一起动元件动作后,开始录波,故障消除或系统振荡平息后,启动元件返回,再经预先整定的时间后即停止记录。单相重合闸过程中也应录波。故障录波器能连续记录多次故障波形。

（5）故障录波器有多种规约转换格式,以适应故障再现及远传等需要。

（6）故障录波器的事件记录的分辩率小于 1 ms,采样大于 10 kHz;电流、电压波形采用精度为 0.5%;交流电流工频有效值线性测量范围为 $(0.1 \sim 20)I_n$,交流电压工频有效值线性测量范围为 $(0.1 \sim 2)U_n$;A/D 转换精度:不低于 16 位,CPU:不低于 32 位。

（7）录波装置面板便于监测和操作。具有装置自检、装置故障或异常的报警指示等,并有自检故障报警、录波启动报警、装置异常报警、电源消失报警和信号总清 – 手动复归等主要报警接点信号输出。

（8）故障录波器有足够数量的信号指示灯及告警信号,以便反映录波器"纸用完""电源故障"及各种电路的故障。

（9）故障录波器能记录和保存故障前 150 ms 到故障消失时的电气量波形,并能清楚记录 5 次(或以上)谐波分量。

（10）故障录波器能测量系统频率及测量线路功率。用具有记录动作次数的计数器。

（11）故障启动方式包括模拟量启动、开关量启动和手动启动。装置可以同时由内部启动元件和外部启动元件启动,并可通过控制字整定。

（12）保护具有远传功能,要求带有本地和远方通信接口,以实现就地和远方查询故障和保护信息等,所采用的通信规约具有通用性和标准化。并要求采用 IRIG – B 码对时,对时误差小于 1 ms。提供通信规约(含自定义部分),并提供必要的技术支持。装置提供 1 个以太网接口,规约采用 DL/T 667—1999 继电保护设备信息接口配套标准(IEC60870 – 5 – 103)。1 个以太网接口用于保护及故障信息远传系统。

（13）录波量:48 路模拟量,96 路开关量;故障录波器柜 48 路模拟量安排为:8 路电压量,40 路电流量。

（14）装置不能由于频繁启动而冲击有效信息或造成突然死机。装置记录的数据应可靠,不失真,记录的故障数据具有足够的安全性,当装置或后台电压消失时故障录波器不应丢失录波波形。

（15）交流电压引入回路应经 ZKK 开关。

（16）装置具有完善的录波数据综合分析软件,方便分析装置记录的故障数据设计,可再现故障时刻的电气量数据及波形,并完成故障分析计算。

（17）故障录波器能根据设定的条件自动向调度端上传有关数据和分析报告,并满足调度端对通信规约的要求。

第六节　主变压器保护

主变压器每台配置 2 套电气量保护、1 套非电气量保护及 1 套双跳闸线圈断路器操作箱等,每台主变压器的 2 套电气量保护分别组盘,非电气量保护单独组盘,共组成 3 面盘,5 台主变压器共 15 面盘。交流输入电流:1 A;交流输入电压:100 V,每套主保护和后备保护将共用 1 组电流互感器。

每台变压器保护配置如下:

（1）变压器的纵差动保护：采用波形对称原理的比率制动差动保护或二次谐波制动的比率制动差动保护。瞬时跳开变压器的各侧断路器。

（2）变压器的间隙保护：变压器中性点装设放电间隙。配置反应间隙的零序电流、零序电压的保护。经延时跳开变压器的各侧断路器。

（3）变压器的零序电流、电压保护：变压器接地运行时变压器配置零序电流、电压保护，零序电流保护设有 2 个时段。经延时跳开变压器的各侧断路器。

（4）变压器低压侧零序电压保护：当发电机出口断路器（即变压器低压侧断路器）断开时，本保护可作为变压器低压侧系统单相接地故障的保护，保护延时作用于信号。

（5）变压器高压侧复合电压启动的过电流保护：作为 220 kV 母线的后备保护，保护范围至 220 kV 线路的出口。变压器高压侧、低压侧的电压均接入复合电压启动的过电流保护装置。经延时跳开变压器的各侧断路器。

（6）具有断路器非全相保护。

（7）变压器断路器失灵保护：保护将启动母线保护的失灵保护。

（8）变压器过负荷保护：反映变压器异常保护，动作于信号。有风冷设备的同时启动。

（9）变压器瓦斯保护：重瓦斯动作于跳闸，轻瓦斯发信号。

（10）变压器温度保护：温度极高动作于跳闸，温度过高动作于信号。

（11）变压器压力释放保护：压力释放阀动作于跳闸，压力继电器动作于信号。

（12）油位异常保护：油位过高、过低，动作于信号。

（13）冷却器故障：冷却器故障动作于信号或跳闸。

第七节　发电机保护（含励磁变压器保护）

一、100 MW 发电机保护

100 MW 发电机每台配置 2 套发电机保护、1 套励磁变压器保护等，以上设备组成 2 面盘，4 台机组共 8 面盘。交流输入电流：1 A；交流输入电压：100 V，每套主保护和后备保护将共用 1 组电流互感器。

（一）发电机保护配置

发电机保护按双重化配置，每套保护均配置完整的主保护和后备保护。每套发电机保护的配置如下。

（1）不完全纵差动保护：作为发电机的主保护，反映发电机内部相间短路，瞬时作用于停机。

（2）完全裂相横差保护：作为发电机的匝间保护。瞬时作用于停机。

（3）带电流记忆的低压过流保护：作为发电机主保护的后备保护，反映发电机外部相间短路。延时动作于停机。

（4）定子过负荷保护：反映发电机定子绕组的平均发热状况，由定时限和反时限两部分组成。延时动作于信号。

（5）负序过负荷及负序过电流保护：作为不对称负荷、非全相运行，以及外部不对称短路引起的负序电流的保护。由定时限和反时限两部分组成。

（6）励磁绕组过负荷保护：采用定时限过负荷保护，延时动作于信号。

（7）失磁保护：应能在各种工况下运行，当励磁电流异常下降或完全消失时，能正确动作。而在系统震荡、电压回路断线、允许的进相范围内运行时不应误动。保护带时限动作于解列。

（8）过电压保护：发电机各种运行工况下引起的定子绕组过电压。保护带延时解列灭磁。

（9）100%定子接地保护：由三次谐波电压式和基波零序电压式原理共同构成100%定子接地保护。

（10）转子一点接地：用于发电机转子励磁回路对地绝缘的保护。带延时动作于信号。

（11）轴电流保护：由主机厂（天津阿尔斯通电机厂）提供，保护盘应接收轴电流保护信号接点。带延时动作于信号及停机。

（二）励磁变压器的保护配置

（1）电流速断保护：作用于停机。

（2）过电流保护：延时作用于停机。

二、20 MW 发电机保护

20 MW 发电机每台配置1套电气量保护、1套非电量保护和1套励磁变压器保护等，以上设备组成1面盘。交流输入电流：1 A；交流输入电压：100 V，每套主保护和后备保护将共用1组电流互感器。

（一）发电机配置完整的主保护和后备保护

发电机保护配置如下。

（1）纵差动保护：作为发电机的主保护，反映发电机内部相间短路，纵差动保护原理采用比例制动原理。保护动作逻辑出口要求能判别CT断线，并对一点在区内，一点在区外的两点接地故障能可靠动作。

（2）带电流记忆的低压过流保护：作为发电机的后备保护，反映发电机外部相间短路。

（3）定子过负荷保护：反映发电机定子绕组的平均发热状况，由定时限和反时限两部分组成。

（4）失磁保护：应能在各种工况运行，当励磁电流异常下降或完全消失时，能正确动作。而在系统震荡、电压回路断线、允许的进相范围内运行时不应误动。保护带时限动作于解列。

(5)过电压保护:发电机各种运行工况下引起的定子绕组过电压。保护带延时解列灭磁。

(6)95%定子接地保护:由三次谐波电压式和基波零序电压式原理共同构成95%定子接地保护。

(7)转子一点接地:用于发电机转子励磁回路对地绝缘的保护。带延时动作于信号。

(二)励磁变压器的保护配置

(1)电流速断保护:作用于停机。

(2)过电流保护:延时作用于停机。

第八节　保护及故障录波信息管理子站

主要完成各保护设备、故障录波设备的信息采集及通过传输通道将信息上送到电力系统。

一、一般性能要求

(1)装置温度特性:环境温度在 $-5 \sim 40$ ℃时,装置能满足规定的精度,环境温度 $-15 \sim 65$ ℃时,装置应不误动作。

(2)装置功能特性:当频率在 $49.5 \sim 50.5$ Hz 变化时,设备应能正常工作。

(3)直流电源:直流电源电压在 $85\% \sim 110\%$ 额定值范围内变化时,装置正确工作。直流电源纹波系数小于 2% 时,装置正确工作。每套装置应有自己的直流熔断器或进口快速小开关(直流特性),并与装置安装在同一柜上。直流电源回路出现各种异常情况(如短路、断线、接地等)装置不应误动,拉合直流电源以及插拔熔丝发生重复击穿的火花时,装置不应误动。当直流电源失电时,应用一副接点发出报警信号。

(4)在系统正常运行期间,装置的任何一个元件故障不应引起误动作。

(5)监视和自检:装置的硬件和软件连续监视,如硬件有任何故障或软件程序有任何问题立即报警。

(6)在雷击过电压,一次回路操作,开关场故障及其他强干扰作用下,在二次回路操作干扰作用下,装置不应误动和拒动,装置的高频干扰试验、静电放电试验、辐射电磁场干扰试验、快速瞬变干扰试验应符合下列标准:

IEC255 – 22 – 1	Ⅲ级
IEC255 – 22 – 2	Ⅲ级
IEC255 – 22 – 3	Ⅲ级
IEC255 – 22 – 4	Ⅲ级

(7)装置的交流耐压试验符合 IEC 标准。

(8)装置中的插件应具有良好的互换性,以便检修时能迅速地更换。

二、特殊性能要求

(一)对系统总的要求

(1)安全性:要求本系统内部的任何元件,均不能影响保护装置的正常运行。在系统设计上,做到没有使保护装置动作出口的可能性。

(2)适应性:要求与调度端主站之间的通信适应高速通道(如光纤通道)。

(3)兼容性:要求本系统能与不同厂家的继电保护、故障录波器及安全自动装置(以下简称保护装置)接口,并做到规约统一。

(4)可扩展性:本系统预留标准接口,以便为其他系统提供数据发布和资源共享。

(5)系统采用嵌入式。

(二)组网方式

子站柜通过网络交换机、串口服务器与继电器室中的保护装置进行连接。子站柜负责与主站通信(2 M G703 数字接口)。继电器室内具有串口的保护装置通过其串口(或保护管理机的串口)连接(30 个),其他保护装置通过 I/O 接口(32 个)与采集装置连接。

(三)系统配置、主要功能和技术规范

1. 硬件配置

子站柜采用微机型设备,并带有打印机。计算机最新型的 PC 机,内存不小于 256 M,硬盘不小于 40 GB。

提供继电器室内与保护装置之间组网所需的光缆、串口通信线及其他必需的附件。并负责整套组网系统的安装调试及开通。

本系统所使用的硬件设备具有较强的抗干扰能力,符合有关国家标准。

2. 软件配置

系统管理软件;规约转换软件;用户界面;故障分析软件;数据库管理软件;子站系统主机采用安全操作系统,基于采用 UNIX 操作系统。子站系统宜采用嵌入式装置化产品,信息的采集和发送不依赖于后台机。

3. 系统主要功能

(1)自检和巡检设备:自检系统设备及巡检接入的保护装置,保存所有联网装置的动作、异常、启动记录并建立相应档案,根据要求上传主站和就地监控系统发信号提示运行人员、显示打印。

(2)数据查询和检索、备份功能:主站工作站可以根据权限随时查询站内的保护装置定值、开关量位置情况、历史动作报告,自检报告和录波器的定值和历史录波数据;本系统记录、归档的信息均为只读文件,修改、删除归档信息和原始数据时需口令正确才能进行,且修改后有永久性标志。

(3)数据处理:具备保存保护装置原始格式文件并能直接上传至主站的能力。

(4)数据上传:保护及故障录波的报告按优先级传送至主站。

第一级:保护动作总报告及故障录波简报,要求 2 min 内自动上传至主站。

第二级:保护动作分报告、采样点数据,保护启动报告,保护自检报告,要求在主站空

闲时 10 min 内传送至主站。

第三级:故障录波的详细报告,就地保存在录波器内,主站可根据授权随时调阅。电网故障应同时就地显示、打印信息和发出信号提示运行人员。

(5)远程通信:具有远传功能,故障信息远传系统经通信通道向省调和地调传送保护与故障录波器的有关信息。接口方式采用 2 M 以太网。故障信息远传系统设备到通信设备的传输距离应在所允许的标准范围内(约 100 m)。

(6)对时:具有 GPS 对时功能,采用 IRIG – B 码(RS485)对时,对时误差小于 1 ms,保护装置与监控 GPS 对时。

(7)系统设置:设置巡检设备、对时、自动进行时间报告上传的时间间隔;MODEM 的参数设置;添加、删除用户等。

(8)图形显示功能:反映站内的主接线图等。能显示主接线图及开关状态,相关的软件应具有良好的界面及方便的图元编辑功能。在主接线图上可以定义相关的保护单元及开关量信息。而且该信息可以传送到主站,做到设备原始参数的唯一性。

(9)具备断点续传功能,串口传输率应达到设备串口支持的最高速率;对各装置的通信规约转换软件采用模块化设计(使用单独的驱动程序库),现场可自动完成连接设备的设置、更改、添加等维护调整工作,以保证本系统的扩建。

4. 信息发布

主站与子站之间采用 WEB 技术,实现主站对子站各种查询和操作。如对微机保护实现:复归动作信号、修改保护时钟、召唤采样值、查询事件报告。召唤开关量状态、召唤故障报告、召唤保护定值、召唤最新报告、召唤自检报告和退出查询与操作等;对微机故障录波器实现召唤时钟、曲线分析、报告检索、查看定值、启动录波、复制录波、开关量配置和退出查询与操作等。

保护装置的动作报告、自检报告等综合分析报告可以通过打印机以中、西文两种格式就地输出。

5. 系统通信方式和通信规约

站内采用串口方式连接的通信规约应满足行标 DL/T 667—1999;idt IEC60870 – 5 – 103(IEC60870 – 5 – 103)通信规约要求。

与主站通信采用 2 M G703 数字接口(并预留以太网接口方式)连接。满足行标 DL/T 634—1997(IEC60870 – 5 – 101)及 DL/T 667—1999;idt IEC60870 – 5 – 103(IEC 60870 – 5 – 103)通信规约的要求。数据格式采用 ANSI/IEEE/COMTRADE,数据库采用 ANSI/ISO 关系形 SQL 标准。

6. 子站系统

子站系统能与各个厂家的主站系统相连接。

7. 性能指标

(1)系统实时响应指标:

画面整幅调用响应时间	≤2 s
画面实时数据刷新周期	1～20 s,可调
事故变位报警反应时间	≤2 s

全部故障信息采集时间	≤20 s
与 GPS 标准时间的误差	≤1 ms
信息传送时间要求	保护动作时间≤3 s,故障报告≤10 s,查询响应 时间≤5 s

（2）可靠性指标：

系统可用率	≥99.9%
系统平均故障间隔时间（MTBF）	≥20 000 h

（3）CPU 负荷率：

所有计算机的 CPU 负荷率,在正常状态下任意 5 min 内应小于 30%,在事故情况下任意 10 s 内应小于 50%。

第九节　安全自动装置

水电站可配置的安全自动装置有很多种,如相量测量装置和功角测量装置以及高周切机等装置,应根据电力系统的要求配置,本书着重介绍相量测量装置和功角测量装置。

一、相量测量装置

（一）性能要求

（1）电力系统实时动态监测系统配置:相量测量装置依据《电力系统实时动态监测系统技术规范（试行修改稿）》要求接入数据网。

（2）除本技术协议书明确说明外,功角检测装置应满足国家电力调度通信中心颁发的《电力系统实时动态监测系统技术规范（试行）》的要求。当《电力系统实时动态监测系统技术规范（试行）》要求与本技术协议要求不一致时,以较高要求为准。

（3）电力系统实时动态监测系统配置:主要监测电厂 220 kV 线路的三相电压、三相电流、线路的开关位置状态;220 kV 母线的三相电压;发电机机端三相电压、发电机机端三相电流、发电机励磁电压、发电机励磁电流、发电机 AGC 输入、发电机内电势角、转速脉冲、相关重要遥信等。并能通过数据网发送至 A 调度中心的实时动态检测系统主站,并可接收上级调度中心下发的指令或远方修改、整定有关定值。

（4）装置可按 1 面柜布置。

（二）相量测量装置技术规范

1. 一般要求

1）系统参数

直流电源允许偏差	−20% ~ +15%
直流电源文波系数	<5%

2）装置的功率消耗

装置每相交流电流回路功耗	<1 VA
装置每相交流电压回路功耗	<1 VA

3)对抗冲击、防振动和抗碰撞的要求

装置能承受 GB 7261 中规定的严酷等级为 1 级的冲击耐久能力试验、振动耐久能力试验和碰撞试验。试验后,装置无紧固件松动、脱落及结构损坏。

2. 相量测量装置总的技术要求

相量测量装置满足国家电力调度通信中心颁发的《电力系统实时动态监测系统技术规范(试行修改稿)》的要求。当《电力系统实时动态监测系统技术规范(试行修改稿)》要求与本技术规范要求不一致时,以较高要求为准。

(1)电力系统实时动态监测系统按照对系统进行实时控制的要求进行设计和制造,其软件设计、硬件设计及结构设计遵循继电保护及安全自动装置的技术要求。

(2)电力系统实时动态监测系统能与调度中心实时动态监测系统主站进行数据交换,并符合全国电力二次系统安全防护总体方案的要求。

(3)每套装置在硬件上采用多重化容错措施。

(4)为防止输入回路及采样回路出错,在软件上除采用冗余容错外,还需用计算量的物理关系对计算结果进行校核。

(5)CPU 自动复归:当 CPU 因受干扰进入"死"循环或"死"机后,由硬件检查,并发出 CPU 复归信号,让装置重新进入正常工作状态。

(6)采用光电隔离:无论是开关量输入还是输出,计算机与外部的信号交换都须经光电隔离,不得有电的直接联系。光电隔离采用 220 V 直流电源。

(7)断线闭锁及报警:CT、PT 断线,直流电源消失,装置故障等应发出报警信号,以便运行人员及时检查,排除故障。在失去直流电源的情况下,信号不能丢失。装置在异常消失后自动恢复,解除闭锁,但必须保持信号以便检修人员核查。

(8)对于共电源的各功能板之间的电源联接部分应考虑退耦电路。在每个芯片的电源引脚上加无感吸收电容。

(9)装置具有在线自检、事故记录和数据记录等功能。

(10)装置能与 GPS 系统实现秒脉冲硬接点对时。

(11)每套装置配有标准的试验插件和测试插头,以便对各套装置中的每一功能板进行试验检查。

(12)装置提供足够的输出接点供信号、远方起信和录波等使用。具体数量在设计联络会确定。

(13)相量测量装置人机界面应友好,操作简单。既可在装置面板上,也可通过手提电脑进行整定、修改定值,浏览装置运行信息。与外部网络连接具有防火墙,对装置访问应经多级口令控制。

(14)装置的硬件组成模块化,各模块具有良好的可扩展性。

(15)装置的软件具有通用性,软件的正常运行不依赖于装置的硬件配置。

(16)装置的数据采样频率不低于 4 800 点/s。

(17)装置实时记录数据的最高速率不低于 200 次/s,并至少具有 100 次/s 和 50 次/s 等多种可选记录速率。

(18)装置实时监测数据的输出速率可以整定,50 次/s 和 100 次/s 等多种可选输出速率。在电网故障或特定事件期间装置应具备按照最高或设定记录速率进行数据输出的能力。

（19）装置实时记录数据的保存时间不少于 14 d。

（20）除满足《电力系统实时动态监测系统技术规范（试行修改稿）》要求的事件记录启动量外，装置还应具有电压、电流和频率等突变量启动量，并对相应事件进行标记。

（21）装置经启动量启动记录后，能保存全部暂态过程采样点数据。保存数据长度可以进行选择，但事件超前记录时间长度应不低于 5 s，事件事后记录时间应不低于 15 s。

（22）装置与省调实时动态监测系统主站通信方式采用数据网络通信方式。通信规约必须满足主站系统通信规约的要求。数据网络通信方式下，底层传输协议采用 TCP/IP 协议。

（23）对装置的实时监测功能的要求：能同步测量安装点的三相基波电压、三相基波电流、电流电压的基波正序相量、频率；至少能将所测的电压基波正序相量一次值、电流基波正序相量一次值、频率实时传送到主站。

（24）对装置的实时记录功能的要求：能连续实时记录所测的电压电流基波正序相量、三相电压基波相量、三相电流基波相量频率及开关状态信号；当装置监测到电力系统发生扰动时，装置能结合时标建立事件标志，并向主站发送实时记录告警信息；记录的数据应有足够的安全性，不应因直流电源中断而丢失已记录的数据；不应因外部访问而删除记录数据；不应提供人工删除和修改记录数据的功能；具有主动向主站传送记录数据和响应主站召唤向主站传送记录数据的能力。

（25）在装置的屏体上安装有直流快速小开关。

（26）所有引入屏内的交流、直流电源均须有防雷措施（端子式避雷器）。

（三）相量测量装置技术要求

（1）每个相量测量装置至少能满足接入 4 个单元和母线的模拟量和开关量的采集要求，并留有适当裕度。

（2）相量测量装置 GPS 时钟接收装置由相量测量制造厂成套提供，能够接收软/硬脉冲对时信号。采样脉冲同步误差不应超过 ±1 μs。同步时钟信号丢失或异常时，装置应能维持正常工作。失去同步时钟信号 60 min 内，装置的相角测量误差的增量不大于 1°。装置的同步时钟锁信能力满足下列要求：温启动（停电 4 h 以上、半年以内的 GPS 主机开机）时间不大于 50 s；热启动（停电 4 h 以内的 GPS 主机重新开机）时间不大于 25 s；重捕获时间不大于 2 s。

（3）通信接口：相量测量装置至少具备 3 个网络接口，应能满足工程需要；相量测量装置通信接口具备进一步扩充的能力。

（4）装置具备同时向多个主站传送实时监测数据的能力，并能接受多个主站的召唤命令。装置实时监测数据的传出时延不大于 30 ms。

（5）测量元件的准确度应满足如下要求。

①电压、电流相量测量精度：在额定频率时电压相量测量范围和测量误差应满足表 6-3 的规定。

在额定频率时，电流相量测量范围和测量误差应满足表 6-4 的规定。

表 6-3 　　　　　　　　　　　　　　电压相量测量误差要求

输入电压	幅值测量误差极限(%)	相角测量误差极限(°)
$0.1\,U_n \leqslant U < 0.2\,U_n$	2.0	2
$0.2\,U_n \leqslant U < 0.5\,U_n$	1.0	1
$0.5\,U_n \leqslant U < 1.2\,U_n$	0.5	1
$1.2\,U_n \leqslant U < 2\,U_n$	1.0	2

表 6-4 　　　　　　　　　　　　　　电流相量测量误差要求

输入电流	幅值测量误差极限(%)	相角测量误差极限(°)
$0.1\,I_n \leqslant I < 0.2\,I_n$	2.0	2
$0.2\,I_n \leqslant I < 0.5\,I_n$	1.0	1
$0.5\,I_n \leqslant I < 1.2\,I_n$	0.5	1
$1.2\,I_n \leqslant I < 3\,I_n$	1.0	2

频率影响:频率偏离额定值2%时,要求幅值测量误差改变量不大于额定频率时测量误差极限值的50%,相角测量误差改变量不大于1°;频率偏离额定值6%时,要求幅值测量误差改变量不大于额定频率时测量误差极限值的100%,相角测量误差改变量不大于5°。

②有功功率、无功功率测量精度:在49~51 Hz 频率范围内,有功功率和无功功率的测量误差应满足表6-5 的规定。功率测量误差的计算公式为:

$$功率测量误差 = \frac{功率测量值 - 实际功率值}{实际功率值} \times 100\%$$

表 6-5 　　　　　　　　　　　功率测量误差极限要求　　　　　　　　　　(%)

输入电流	$0.2\,U_n \leqslant U < 0.5\,U_n$	$0.5\,U_n \leqslant U < 1.2\,U_n$	$1.2\,U_n \leqslant U < 2.0\,U_n$
$0.2\,I_n \leqslant I < 0.5\,I_n$	5	3	5
$0.5\,I_n \leqslant I < 1.2\,I_n$	3	2	3
$1.2\,I_n \leqslant I < 3.0\,I_n$	5	3	5

③频率测量精度:测量范围45~55 Hz。测量误差不大于0.01 Hz。

④交流电流接入要求:为了保证对电力系统稳态和动态参数的测量精度,装置的交流电流、交流电压回路宜接入测量 CT、回路。

(6)装置可具备暂态录波功能,用于记录瞬时采样数据,数据的输出格式应符合ANSI/IEEEC37. 111 – 1991(COMTRADE)的要求。

(7)当电力系统发生下列事件时,装置应能建立事件标志,以方便用户获取事件发生时段的实时记录数据:频率越限;频率变化率越限;相电压越限;正序电压越限;相电流越限;正序电流越限;线路低频振荡。

（8）当装置监测到安全自动装置跳闸输出信号（空接点）或接到手动记录命令时,应建立事件标志,以方便用户获取对应时段的实时记录数据。

（9）当同步时钟信号丢失、异常以及同步时钟信号恢复正常时,装置建立事件标志。

（10）过载能力。①交流电流回路:2 倍额定电流,允许连续工作;10 倍额定电流,允许时间为 10 s;40 倍额定电流,允许时间为 1 s。②交流电压回路:1.2 倍额定电压,连续工作;1.4 倍额定电压,允许 10 s。③过载能力的评价标准:装置经受过电流或过电压后,无绝缘损坏、液化、炭化或烧焦等现象,功能不能失效。

（11）在瞬时加上、瞬时断开直流电源,直流电源缓慢上升或缓慢下降时,装置均不应误发信号,当直流电源恢复正常后,装置应自动恢复正常工作。

（12）特别强调本站为水电站。

二、失步解裂

（1）装置温度特性:①室内环境温度在 5 ~ 40 ℃时,装置应能满足规范书所规定的精度。②室内环境温度在 -5 ~ 45 ℃时,装置应能正常工作,不误动、不拒动。

（2）装置功能特性:①装置包括低周、低压解列功能、失步解列功能。②装置低周、低压解列功能（软硬件可投退）、失步解列功能能独立投退。③低周、低压解列、失步解列具有 1 个轮次输出。④失步解列应便于与其他失步解列装置整定配合,采用阻抗原理。⑤当电流互感器二次回路断线和电压互感器二次回路断线或短路时,装置不应误动作,同时发出告警信号。

（3）直流电源:①直流电源电压在 85% ~ 110% 额定值范围内变化时,装置正确工作。②直流电源纹波系数小于 2% 时,装置正确工作。③装置应有自己的直流熔断器或直流快速小开关（进口）,并与装置安装在同一柜上。直流电源回路出现各种异常情况（如短路、断线和接地等）装置不应误动,拉合直流电源以及插拔熔丝发生重复击穿的火花时,装置不应误动。④当直流电源失电时,用一副接点发出报警信号。

（4）在系统正常运行期间,装置的任何一个元件故障不应引起误动作。

（5）监视和自检:装置的硬件和软件连续监视,如硬件有任何故障或软件程序有任何问题应立即报警。

（6）在雷击过电压,一次回路操作,开关场故障及其他强干扰作用下,在二次回路操作干扰作用下,装置不应误动和拒动,装置的高频干扰试验、静电放电试验、辐射电磁场干扰试验、快速瞬变干扰试验应符合下列标准:

IEC255 - 22 - 1　　　　Ⅲ级

IEC255 - 22 - 2　　　　Ⅲ级

IEC255 - 22 - 3　　　　Ⅲ级

IEC255 - 22 - 4　　　　Ⅲ级

（7）在由分布电容、变压器（励磁涌流）和 TA、TV 等在稳态或暂态过程中产生的谐波分量和直流分量影响下,装置不应误动和拒动。

(8)装置的交流耐压试验符合 IEC 标准。

(9)装置中的插件具有良好的互换性,以便检修时能迅速地更换。

(10)装置具有标准的试验插件和试验插头,以便对各套装置的输入及输出回路进行隔离或通入电流、电压进行试验。

(11)装置跳、合闸回路中有连接片,以便在运行中能够分别断开,防止引起误动。

(12)每套保护装置每相交流电流回路额定功率消耗小于 0.5(1)VA,每套保护装置每相交流电压回路额定功率消耗小于 0.5(1)VA。

(13)装置与其他设备之间采用光电耦合和继电器接点进行连接,不应有电的直接联系。

(14)保护具有远传功能,要求带有本地和远方通信接口,以实现就地和远方查询故障和保护信息等,所采用的通信规约应具有通用性和标准化。并要求保护有 GPS 卫星同步对时功能,满足由 GPS 系统提供的 B 码对时接点。对时误差小于 1 ms。应提供通信规约(含自定义部分),并提供必要的技术支持。装置应提供 2 个以太网口,1 个用于 NCS 系统,1 个用于保护及故障信息远传系统。规约采用 DL/T 667—1999 继电保护设备信息接口配套标准(IEC160870 - 5 - 103)。

(15)跳闸出口应采用有接点继电器。

(16)装置整定值能安全、方便地在屏前更改。

(17)装置中的时间元件的刻度误差,在工作条件下应小于 3%。

第七章　励磁系统

发电机励磁系统型式为自并励硅晶闸管静止励磁,并采用微机励磁调节器。励磁系统满足发电、准同期、线路充电和带线路零起升压等要求。

第一节　励磁系统设备范围

励磁系统设备包括下列部分:励磁电源变压器、可控硅整流装置、微机励磁调节器、灭磁装置、过电压保护装置、起励装置以及控制、检测、显示、保护等构成完整的励磁系统必需的其他设备、装置和元器件。励磁系统设备供货范围如下:

(1)5 套励磁电源变压器(含副边电流互感器)。

(2)5 套可控硅整流装置及冷却系统(含交流分支、直流分支)。

(3)5 套励磁调节装置:包括微机励磁调节器、辅助单元以及相应的控制、操作、保护、监测元件等。

(4)5 套起励装置。

(5)5 套灭磁装置(含灭磁开关、灭磁电阻)及过电压保护设备。

(6)5 套励磁交流电缆及柜间电缆,1 套 20 MW 机组励磁直流电缆。

(7)备品备件及专用工具和仪器等。

第二节　系统基本性能要求

(1)励磁系统保证当发电机励磁电流和励磁电压为发电机额定负载下励磁电流和励磁电压的 1.1 倍时,能长期连续运行。同时能满足发电机最大容量和发电机不同工况运行要求。励磁电压和励磁电流等初步参数见表 7-1。

表 7-1　励磁电压和励磁电流等初步参数

发电机额定功率	额定励磁电压(105 ℃)(V)	额定励磁电流(A)	空载励磁电压(105 ℃)(V)	空载励磁电流(A)	最大励磁电压(105 ℃)(V)	最大励磁电流(A)	75 ℃时励磁绕组直流电阻(Ω)
100 MW 机组,功率因数为 0.85 时	253	1 420	121	679	273	1 530	0.163
100 MW 机组,功率因数为 0.9 时	230	1 280	121	679	251	1 404	0.163
20 MW 机组	274	691	96	354	548	1 382	0.337

(2)励磁系统能经受发电机任何故障和非正常运行方式的冲击而不损坏。当发电机机端正序电压下降到额定值的80%时,励磁系统能提供2倍额定励磁电压和2倍额定励磁电流,允许时间大于20 s;在主变压器高压侧发生三相短路时,励磁系统能正确地实行强励。

(3)励磁系统电压响应时间,上升(强行励磁)不大于0.08 s,下降(快速减磁,由顶值电压减小至0的时间)不大于0.15 s。

(4)励磁系统标称响应每秒不低于2倍额定电励磁单压。

(5)在下述厂用电电源电压及频率偏差范围内,励磁系统应能保证发电机在额定工况(或最大出力工况)下长期、连续运行。

交流380 V/220 V系统,电压偏差范围为额定值±15%,频率偏差范围为 -3 ~ +2 Hz。

直流220 V系统,电压偏差范围为额定值的 -20% ~ +10%。

(6)励磁系统能在机端电源频率为45 ~ 77.5Hz时维持正确工作。

(7)在发电机空载运行情况下,频率值每变化1%,自动励磁调节系统应保证发电机电压的变化值不超过额定值的±0.25%。

(8)励磁系统满足机组、变压器及线路零起升压要求,并在规定的发电机进相运行范围内和突然减少励磁时,励磁系统保证稳定、平滑地进行调节。

(9)励磁系统设直流侧过电压和过电流保护、交流侧过电压保护及励磁绕组回路过电压保护装置。

(10)励磁系统具有强行励磁和逆变灭磁的能力。

(11)励磁系统承受下列交流耐压试验电压值,持续1 min无绝缘损坏或闪络现象。与励磁绕组回路连接的所有回路及设备出厂试验电压为10倍额定励磁电压,且最小值不得低于15 000 V。与发电机定子回路直接连接的设备和电缆等符合有关定子回路耐压标准的规定。其余不与励磁绕组回路直接连接的回路及设备按照GB 1497和GB 3797的规定。

(12)当在励磁电流小于1.1倍额定电流下长期运行时,励磁绕组两端电压最大瞬时值不得超过出厂试验时该绕组对地耐压试验幅值的30%。

(13)在任何实际情况下,励磁系统保证励磁绕组两端过电压瞬时值不超过出厂试验对地耐压试验电压幅值的80%。

(14)励磁系统年强行退出比不应大于0.1%。

(15)励磁系统满足成组调节的要求,能通过计算机监控系统机组现地控制单元(LCU)控制和调节。在电站计算机监控系统自动控制下,能使单机和并联机组保持稳定运行。

(16)励磁系统所需的电源装置采用冗余配置。励磁系统中的变送器、显示装置及其他交流供电装置的电源均由厂用交流电供给,继电器、空气开关、灭磁开关的控制电源采用直流220 V电源,自动励磁调节器、数字触发电路工作用的直流稳压电源均由厂用单相交流220 V、直流220 V供电。

(17)励磁系统具有电磁兼容及抗干扰措施。

（18）100 MW 发电机组具备满负荷时功率因数在 0.85（滞相）~0.95（进相）运行的能力，励磁系统所有设备应满足此要求。

第三节　主要设备性能要求

一、励磁变压器

（1）励磁电源变压器采用户内单相双绕组铜芯干式变压器，采用自冷或风冷方式；H 级绝缘，温升不超过 80 K，励磁变带铝合金外壳。中性点不接地，高、低压绕组间应设置接地金属屏蔽层。励磁变三相电压不对称度小于 5%。

（2）每台单相变压器单独采用 1 个外罩，外罩的防护等级为 IP20，外罩的颜色、开门的位置等在设计联络会上确定。

（3）变压器一次侧电压为发电机定子额定电压。二次侧电压根据励磁系统要求确定。变压器的容量除满足机组最大容量下的强励要求外，应留有 10% 的裕度，应满足励磁系统各种工况的需要，同时应考虑绕组中谐波电流引起的附加发热。

（4）100 MW 励磁变压器高压引出线与发电机出口分支回路离相封闭母线连接，低压侧采用电缆引出。应完成这些连接及 3 台单相励磁变压器之间的连接，励磁变压器高压引出线与发电机出口分支回路离相封闭母线的连接应按发电机离相封闭母线供货方的要求连接。

20 MW 励磁变压器高压引出线与发电机出口分支回路供箱母线连接，低压侧采用电缆引出。应完成这些连接及三相励磁变压器之间的连接，励磁变压器高压引出线与发电机出口分支回路供箱母线的连接应按发电机供箱母线的要求连接。

（5）变压器绕组接线、额定电压、相数和连接方式均应满足励磁系统要求，并应在铭牌上标注清楚。

（6）变压器铁芯和线圈的结构能耐长途运输和搬运而不损坏。绕组有防腐蚀、防潮措施。

（7）变压器冲击耐压标准和工频耐压标准遵照 GB 311.1—1997。

（8）变压器的噪声不大于 50 dB。

（9）变压器初级每相装 2 个准确级分别为 5P20 和 0.5 级的电流互感器；其次级每相装 2 个电流互感器，电流互感器的变比和额定参数由供货厂家确定。

（10）变压器低压侧应装设三相电流表和 1 只交流电压表经切换开关可测量三相电压。

（11）每相变压器绕组内装 2 个铂制电阻用于测绕组温度，在 0 ℃ 时的电阻值为（100 ±0.1）Ω。此外，装 1 个温度信号显示装置，用于监视绕组温度，并带有 2 对独立且不接地的报警和跳闸接点。

（12）提供在机组停运时能自动投入恒温控制的电加热器，以防止机组停运时潮湿空气对变压器的浸蚀，电加热器采用内热式并和机组控制系统闭锁。

（13）变压器有必要的测量和保护装置，低压侧有过电压保护装置。其中，变压器继电保护装置由其他供货商提供。

（14）配套提供变压器的起吊和滚动及接地等附件。

二、可控硅整流装置

（1）整流装置采用三相全控桥式整流电路，并留有足够的容量裕度，运行效率高、特性稳定。

（2）选用参数指标较高的进口可控硅晶闸管元件，并经过严格的老化筛选。功率整流桥每臂串联元件采用 1 个，并联支路数应保证 1 支路退出运行时强励所需的励磁电流、1/2 支路退出运行时发电机能带额定工况连续运行所需的励磁电流。

（3）可控硅元件及熔断器等为组件形式，并具有互换性，以便于测试、检修或更换。

（4）每个可控硅整流器的整流臂设置 1 个限流熔断器。

（5）功率整流桥设有并联支路和整流柜之间的均流措施。在额定运行工况下，整流元件均流系不应低于 0.95。

（6）在整流装置的交、直流侧均设相应的过流、过压保护，并相互配合协调。每个硅晶闸管元件均应并联 RC 回路或采取其他措施，以抑制硅晶闸管换相过电压。

（7）功率整流元件优先采用热管冷却方式，并配有后备保护风机，在安装风机处噪声不大于 70 dB。整流装置各并联桥路均分别装于自己的整流柜内。

（8）能智能检测散热器温度，根据设定的温度值，自动启动后备保护风机。风机应设有手动、自动投切回路，并设置相应的风机运行工况信号。

（9）整流柜设置硅晶闸管元件故障指示灯等装置。为便于检修和重新投入，每个整流柜（并联支路）应在交、直流侧设置具有足够承受负载能力的负荷开关。

（10）在额定负载运行温度下，硅晶闸管整流桥能承受反向峰值电压不小于 2.75 倍励磁电源变压器二次侧最大峰值电压。

三、微机励磁调节器

（一）性能要求

（1）自动励磁调节器保证发电机机端调压精度优于 0.5%；静差率在 ±1% 以内。

（2）自动励磁调节器保证发电机机端电压调差率整定范围不超过 ±15%，并按 0.5% 的档距分档或连续可调，调差特性应有较好的线性度。

（3）自动电压调节器能在发电机空载额定电压 70%～110% 额定值范围内进行稳定平滑地调节。

（4）手动控制单元保证发电机磁场电压能在空载磁场电压的 20% 到额定磁场电压的 110% 范围内稳定平滑的调节。

（5）在发电机空载运行状态下，自动励磁调节器和手动控制单元的给定电压变化速度每秒不大于发电机额定电压 1%，不小于 0.3%。

(6)自动励磁调节器应有自动电压跟踪回路,在机组同期并网之前使机组电压迅速跟踪系统电压。

(7)在空载额定电压情况下,当发电机给定阶跃为±5%时,发电机电压超调量应不大于阶跃量的30%,振荡次数不超过3次,调节时间不大于5 s,电压上升时间不大于0.6 s。阶跃量应连续可调。

(8)当发电机突然零起升压时,保证端电压超调量不大于15%额定值,电压振荡次数不超过3次,调节时间不大于10 s。

(9)采用冗余的双微机励磁调节器,自动调节为完全的双通道,每个通道从输入到输出可独立工作,1套对另1套没有任何约束。励磁调节器应具有2个自动通道和1个手动通道。

自动通道可任意指定其中1个为工作通道,另1个为热备用通道。备用通道自动跟踪工作通道的电压给定值,并自动对2个通道的输入、输出以及其他量进行在线检测监视。当工作通道故障时,可自动或手动切换到备用通道工作,若只有1个自动通道处于完好状态,则自动通道故障时可自动或手动切换到手动通道工作,手动通道用手动方式切换到自动通道,各种切换均无扰动。采用数字式移相和分相,2个自动通道应独立各设1套移相放大及触发脉冲单元,手动通道可不单设移相及触发脉冲单元。

(10)励磁调节器交流工作电源电压在短时间波动范围为55%~120%额定值的情况下,励磁调节器应能维持正常工作。当工作电压波动范围超出上述时,应采用备用工作电源保证上述要求。供电回路数根据需要确定。

(11)发电机电压自动调节(自动通道)调节规律采用PID。

(12)励磁调节器具有限制起励超调功能。

(13)励磁系统为计算机监控系统的监视和控制提供足够的接口,接口型式采用I/O、串行口和现场总线,并具有以太网接口,其通信规约及协议应满足全厂计算机监控的要求。能现地和远方给定,既能接收数字量、模拟量、无源调整脉冲,又能发布各种控制和调节命令,也能提供励磁系统运行状态和故障信号。

(14)励磁调节器与计算机监控系统的时钟同步时间应为1 ms。

(15)硬件和软件具有向上兼容性,采用模块化、标准化设计,今后能方便地扩充发展。所选电路模块都是经过运行考验证明性能优良的用于工业控制的产品,软件经过运行考验。

调节器采用32位DSP工业控制计算机,采用彩色液晶显示屏应不小于10 in,具有良好的人机中文界面。

(16)在励磁盘上除装设测量仪表和控制信号设备外,还可在线选择显示重要的实时运行参数、给定参数以及计算参数。并可在线修改各种控制参数,进行在线修改时,不影响励磁系统的正常运行。

测量种类包括有功功率、无功功率、发电机电压、发电机电流、励磁电压、励磁电流以及发电机转速等。配置直流电压变送器和直流电流变送器分别测量励磁电压和电流,供计算机监测。变送器的输出信号为4~20 mA,精度为0.5级。

(17)容错功能:对于自动通道和手动通道,当发生被调量反馈信号丢失、各种给定指令信号丢失等故障时,首先考虑通道切换,在不能切换时将有容错功能。仍保证安全运行。

(18)自诊断自恢复功能:能诊断到包括过程通信在内的每一个插件,并能指出故障性质;当硬件故障时,软件可及时发现。当软件出现故障时应立即切换至另一调节器。当电源消失和恢复供电,以及调节器停止后又启动,能够自动按实时状态恢复工作。

(二)辅助功能单元要求

(1)励磁过电流和最大励磁电流限制器。根据磁场绕组的热稳定要求对励磁电流进行限制。当励磁电流小于1.1倍额定励磁电流时,本功能不起作用;当励磁电流大于1.1倍时,则按反时限曲线经过规定时间自动将励磁电流限制在额定励磁电流;若励磁电流大于2倍额定励磁电流,则立即自动限制在2倍,且时间为20 s,然后限制到额定励磁电流,在规定的时间内,若励磁电流又一次超过1.1倍,则立即加以限制。

(2)欠励磁限制器。根据机组实发有功功率,对发电机励磁电流最小值进行限制,当低于有功功率所要求的极限最小电流时,将励磁电流限制在极限电流以上,欠励限制延时完成,其限制曲线比发电机失磁保护的有功功率—励磁电压判据留有一裕度,以相互配合。

(3)无功功率成组调节单元。

(4)电力系统稳定器(PSS)。电力系统稳定器的附加调节单元,其有效频率范围一般为0.1~2.0 Hz,并具有必要的保护、控制和限制。具有防止"反调"措施。

(5)电压/频率(V/Hz)限制器。根据发电机电压、频率的大小,调整励磁电流,使发电机电压不超过由频率电压关系所确定的数值,主要用来防止发电机和主变压器过激励、发电机不并网时空载误强励或励磁误调整造成的空载过电压。并与正常转速调整范围内的电压调整的频率特性配合,与电压调节范围相配合。

(6)电压跟踪单元。为实现机组与系统的快速同步,励磁系统应设置发电机电压跟踪系统电压环节。

(7)保护单元。励磁系统除应设直流侧短路过电流保护及励磁绕组回路过电压保护外,尚需设置:功率整流柜的过电流和过电压保护;电压互感器断线保护;无功或电压波动超过允许值保护;功率柜冷却风机故障、电源消失及断相保护。

四、起励装置

(1)发电机正常运行时,采用残压起励,考虑残压起励的条件。

(2)提供直流起励的成套设备,包括电源进线、开关及内部联接的电线。

(3)设有起励后自动退出和起励不成功的控制、发出信号、保护和闭锁回路。起励电源的电流不大于10%发电机空载励磁电流。

五、灭磁装置与过电压保护

(1)励磁系统设逆变灭磁和自动灭磁装置2种灭磁方式,机组正常停机采用逆变灭磁,事故停机采用自动灭磁装置灭磁。在任何需要灭磁的情况下(包括发电机空载强励)都将保证可靠、快速灭磁。

(2)磁场灭磁电阻采用高能氧化锌非线性电阻。其容量确保在最严重灭磁工况下,承受的耗能容量将不超过其工作容量的80%。同时,当20%的电阻组件退出运行时,仍能满足最严重灭磁工况下的要求。

(3)自动灭磁装置带磁场断路器,磁场断路器采用快速灭弧直流断路器,最小断流能力不大于额定励磁电流的6%,最大分断电流不小于额定励磁电流的300%,电压大于强行励磁时发电机励磁绕组的顶值电压。其操作电源额定电压为直流220 V,操动机构保证断路器可靠合闸和分闸(采用双跳闸线圈),并有电气和机械防跳措施。

(4)磁场断路器为多断口直流断路器,带有一个不少于6对常开、6对常闭触点的辅助接点,其寿命不小于50 000次跳合闸操作。磁场断路器选用法国雷洛公司生产的CEX系列产品或ABB等公司性能不低于CEX系列的同类产品。

(5)转子励磁绕组及功率整流装置过电压保护装置采用非线性电阻。非线性电阻过电压保护装置动作可靠,并能自动恢复。非线性电阻的工作容量应有足够的裕度,并允许连续动作。在额定工况下,元件负荷率应小于60%。非线性电阻动作电压最低瞬时值高于最大整流电压的峰值并高于自动灭磁装置正常动作时产生的过电压值。动作电压最高瞬时值低于功率整流桥的最大允许电压,且不超过出厂试验时励磁绕组对地耐压试验电压幅值的70%,动作值的分散性不超出±10%。由非线性电阻吸收的过电压能量,小于非线性电阻过电压保护装置的最大工作能量,并留有足够的裕度。

非线性电阻元件的伏-安特性、耗能容量、低压泄漏电流必须进行测定,其技术指标需符合设计要求,使用寿命大于15年。

(6)磁场灭磁及转子过电压时,灭磁电阻将自动接入。硅晶闸管整流输出侧过电压保护装置,在发生过电压时能自动投入。

(7)灭磁过程中,励磁绕组反向电压一般不低于出厂试验时励磁绕组对地试验电压幅值的30%,不高于50%。

(8)磁场断路器和灭磁电阻等组装在励磁装置的灭磁柜中。柜内装设监视非线性电阻各并联支路阀片有无故障和过电压动作的指示装置。

(9)滑极保护。在发电机非全相及失步时,滑极保护装置应提供反向和正向的感应磁场电流通路,以保证转子回路和励磁回路不受过电压破坏。

六、励磁柜

(1)除励磁变压器外,励磁系统各元件合理装成屏柜。

(2)仪表和操作开关等元件应布置在便于监视和操作的位置。

(3)每个整流柜都设有直流侧电压表和电流表。在灭磁柜上装转子回路直流电流表和直流电压表,在励磁调节器屏上装设发电机电压表、电流表和无功功率表。

(4)为保证励磁系统可靠接地,所有励磁柜应安装一条贯穿励磁柜全长的接地母线,在每一端预设与接地电缆相连的接地螺栓。接地母线应采用专用铜排,截面面积不小于

$100~mm^2$。

七、励磁系统控制及信号设置

（1）发电机的电压、无功功率经选择切换开关可由现地（励磁调节器屏）或远方（中控室）计算机监控系统进行控制，选择切换开关装在励磁调节器屏上。

（2）磁场断路器可现地及远方控制。

（3）机组起动后转速达90%～95%额定转速时，自动投入起励回路。待机端电压上升到自动调节装置正常能工作后，自动投入励磁调节器，切除起励回路，机端电压自动上升到额定值。

（4）机组正常停机，当经卸负荷，跳开断路器之后，即可自动进行逆变灭磁。

（5）励磁系统能满足自动准同步、手动准同步方式并列的要求。

（6）励磁系统控制接线应考虑电厂计算机监控系统进行无功功率/电压联合控制和单机控制要求。

（7）励磁系统各单元设置相应的保护、自检单元、监视仪表和测试孔，并满足各种运行工况的要求。

（8）励磁系统应设下列信号（但不限于此）：①稳压电源消失或故障信号；②起励不成功信号；③励磁绕组过电压信号；④强行励磁信号；⑤功率整流桥保护动作信号（如熔丝熔断、过压、过流保护动作等信号）；⑥触发脉冲消失信号；⑦励磁控制回路电源消失信号；⑧调节器自动/手动通道切换信号；⑨过励、欠励、低频过励、最大励磁动作信号；⑩电压互感器断线信号；⑪整流柜风机故障及风机电源故障信号；⑫励磁变压器温度过高信号；⑬微机励磁调节器综合故障信号（包括软硬件）；⑭电压/频率（V/Hz）限制动作；⑮功率整流桥均流、均压异常信号；⑯PSS投入/退出信号；⑰转子过电压信号；⑱励磁系统事故总信号等。

（9）提供上述保护、信号所需的全部传感装置。

（10）在励磁柜中安装用于励磁系统起动、停止、保护、指示和故障报警所需的全部保护继电器和辅助继电器，并接好线。

（11）以上各种保护、监测信号除现地显示外，其保护继电器和传感装置都要有2对以上电气上相互独立的触点接到端子排上，以便与计算机监控系统连接。

（12）灭磁开关跳合闸位置、各励磁支路开关跳合闸位置、手动/自动选择开关位置等位置信号，除现地显示外，都要有2对以上电气上独立的触点接到端子排上，供远方监控用。

第八章 调速器系统

第一节 总体要求

100 MW 轴流转桨机组调速器应是微机控制的具有并联 PID 调节规律的双调节电液调速器,操作油压 6.3 MPa。具有速度和加速度检测、出力调整、转速调整、开度控制、频率限定、跟踪控制、导叶与桨叶协联、参数自适应、自诊断和容错及稳定等功能,并具有良好的人机界面。调速器应满足机组在各种运行工况下能在现地和远方进行的自动、电手动、纯机械手动开、停机和事故停机。

20 MW 混流机组调速器应是微机控制的具有并联 PID 调节规律的单调节电液调速器,操作油压 6.3 MPa。其具有速度和加速度检测、出力调整、转速调整、开度控制、频率限定、跟踪控制、参数自适应、自诊断和容错及稳定等功能,并具有良好的人机界面。调速器应满足机组在各种运行工况下能在现地和远方进行的自动、电手动、纯机械手动开、停机和事故停机。

调速系统的控制部分采用双处理器、双电源的微机系统,当其中 1 个微机系统出现故障时,系统自动无扰动切换到备用控制系统;当 2 套系统同时故障时,应能平滑无扰动地自动切换到手动运行。

调速系统的人机接口采用 LCD 显示界面,通过总线与主控设备相连,能完成控制参数修改、运行监视、试验测试、历史数据记录及比较分析等操作功能。

调速系统由数字式控制单元、功率放大单元、电液执行机构、反馈装置、压力油罐、回油箱、油泵和自动控制元件等设备组成。

调速器所有的功能应借助于微机来实现。能接受转速信号、功率信号、水头信号、各种反馈信号、同期装置的调节指令以及来自电站计算机监控系统的操作指令,同时输出电信号经过放大后作用于受控的液压系统,操作水轮机导叶和桨叶。

调速器具有转速(频率)控制、功率控制和开度控制功能。控制模式应采用不同的传递函数特性,分别设定运行参数。调速器应具备自动跟踪功能,在任何并网发电工况下,实现在各种控制模式中平滑无扰动地自动切换。

调速器在满足国标动态品质要求下,减少对受控的液压随动系统的连续操作。对频率信号、功率信号、水头信号、导叶和桨叶位置反馈信号等具备一定的识别和容错能力。

调速器必须具备较高的控制定位准确性,当调速器的协联关系对应数值采用插值法求取时,调速器所储存的协联关系曲线数据必须满足插值法求取的数据误差不得超过受控的液压随动系统最小死区。

压力油系统的压油泵设计必须考虑足够的冗余。

因本电站进水口不设快速闸门,故调速器应设有质量可靠的事故紧急关机电磁阀,满足调速器及其他设备故障情况下快速关闭水轮机导水机构的要求。

数字式控制单元和相应的电气回路的插件布置在调速器柜内构成电气柜。机械液压部分与电气柜分开布置,机械柜与回油箱组成一体,应设计合理,调试、操作、维护方便,并保证运行安全。

调速系统应具有足够的容量,当压力油罐内操作油压最低,作用在导叶或桨叶上的反向力矩(力矩由水轮机制造商提供)最大时,能按调节保证确定的时间操作导叶接力器和桨叶接力器全行程开启或全行程关闭。全行程定义为:接力器移动 0～100% 开度,在开启方向没有过行程,在关闭行程终止时应有 1%～2% 的压紧行程。

调速器具有黑启动功能。

第二节　水轮发电机组及接力器参数

一、水轮机

水轮机型式	100 MW 轴流转桨机组	20 MW 混流机组
转轮公称直径	7.1 m	3.3 m
额定水头	31 m	31 m
额定出力	102.5 MW	20.62 MW
额定流量	366 m³/s	72.9 m³/s
额定效率	91.78%	93%
额定转速	93.8 r/min	136.4 r/min
飞逸转速	210/260 r/min(协联/非协联)	264 r/min
吸出高度	−7.2 m	+2.64 m

二、发电机

发电机型式	立轴普通伞式、三相、全密闭循环空气冷却	立轴伞式、三相、全密闭循环空气冷却
额定容量/功率	111.11 MVA/100 MW	23.53 MVA/20 MW
额定电压	15.75 kV	10.5 kV
额定功率因数	0.9(滞后)	0.85(滞后)
额定频率	50 Hz	50 Hz
额定转速	93.8 r/min	136.4 r/min
转动惯量	34×10^6 kg·m²	$\geq 2.9 \times 10^6$ kg·m²

三、接力器参数

水轮机型式	轴流转桨式水轮机	混流式水轮机
额定出力	102.5 MW	20.62 MW
导叶接力器型式	直缸液压活塞式	直缸液压活塞式
油压等级	6.3 MPa	6.3 MPa
操作油牌号	LTSA-46	LTSA-46
导叶接力器用油量	216 L×2	25 L×2
导叶接力器数量	2 个	2 个
导叶接力器直径	Φ500 mm	Φ320 mm
导叶接力器行程	1 100 mm	320 mm
导叶接力器操作容量	2 670 kN·m	206 kN·m
桨叶接力器型式	活塞式缸动结构	—
桨叶接力器用油量	794 L	—
桨叶接力器数量	1 个	—
桨叶接力器直径	1 700 mm	—
桨叶接力器行程	350 mm	—
桨叶接力器操作容量	4 903 kN·m	—

第三节　性能及参数要求

一、静态特性

(1)调速器有良好的静态特性,在接力器全行程范围内转速对接力器位置的关系曲线应近似为直线,其最大非线性度不超过2%。

(2)在任何导叶开度和额定转速下,接力器的转速死区不得超过额定转速的0.02%,导叶接力器能够反应的最小转速变化对额定转速之比百分值定义为转速死区的1/2。

(3)100 MW机组调速器桨叶接力器随动系统的不准确度不大于1.5%。

二、动态特性

(1)由微机调节器动态特性示波图上求取的K_P、K_I值与理论值偏差不得超过±5.0%。

（2）机组甩 100% 额定负荷后，在转速变化过程中偏离额定转速 3% 以上的波峰不超过 2 次。

（3）机组甩 100% 额定负荷后，从接力器第 1 次向开启方向移动起，到机组转速波动值不超过 ±0.5% 为止，所经历的时间应不大于 40 s。

（4）接力器不动时间：机组输出功率突变 10% 额定负荷，从机组转速变化 0.01% ~ 0.02% 额定转速开始，到导叶接力器开始动作的时间间隔，不得超过 0.2 s。

（5）机组输出功率突变 10% 额定负荷后，在转速变化过程中偏离额定转速 3% 以上的波峰不超过 2 次，且转速波动值不超过 ±0.5% 为止，所经历的时间应不大于 20 s。

三、稳定性

（1）当机组空载运行时，调速系统能稳定地控制机组转速；当机组与厂内其他机组或与电网中其他机组并列运行时，调速系统也能稳定地在 0 到最大出力范围内控制机组出力；如果水轮机的水力系统和引水流道是稳定的，当满足下述条件时，则调速系统被认为是稳定的。

（2）发电机在空载额定转速下，或在额定转速和孤立系统恒定负荷下运行，且转差率整定在 2% 或以上，油压波动不超过 ±0.10% 时，调速系统能保证机组运行 3 min 内转速波动值不超过额定转速的 ±0.10%。

（3）机组在电网中从 0 到任何负荷间运行时，永态转差率整定在 3% ~ 4%，调速系统应保证机组接力器波动值不超过其全行程的 ±1%。

（4）电气装置工作和切换备用电源，或者手动、自动切换以及其他控制方式之间相互切换和参数调整时，水轮机导叶接力器的行程变化不超过其全行程的 ±1%。

四、电磁兼容性

本系统各个设备的抗电磁干扰的能力和电磁干扰水平应符合国家标准（GB/T 17624—1998）以及 IEC 标准的有关规定。

五、一次调频要求

调速器具备一次调频功能。

机组调速系统的速度变动率一般为 3% ~ 4%。

调速系统迟缓率要求小于 0.15%。

机组参与一次调频死区不超过 ±0.034 Hz。

机组参与一次调频的响应滞后时间应小于 3 s。

机组参与一次调频的稳定时间应小于 1 min。

机组参与一次调频动作时,应有一次调频动作信号输出。

六、转速、负荷调整范围

在机组空载条件下,转速调整机构应能调整机组转速为额定转速的90%～110%,机组空载运行,转差率定为0,通过手动或电动使转速调整机构在90%～110%额定转速允许发电机进行并列运行。当转差率为5%时,远方控制转速调整机构应能在不少于20 s不超过40 s内从全开导叶下的输出功率减到0。通过手动和电动调节转速应能在40 s内允许发电机由空载带至额定负荷运行。

七、永态转差系数/转差率

在速度控制方式下,永态转差系数b_p应能在0～10%调整,级差1%。在功率控制方式下,转差率应能在0～10%调整。

八、抗油污能力

调速器具有一定的抗油污能力,并在滤油精度为20 μm时,调速器仍能正常工作。

九、温度漂移

调速器电气部分温度漂移量每1 ℃折算到转速相对值不超过0.01%。

十、调速系统的可靠性要求

(1)可利用率:自动工况可利用率99.95%;手动＋自动工况可利用率100%。

(2)平均故障间隔时间(MTBF)20 000 h,在此期间不得因调节装置故障而被迫停机。

十一、调节系统的基本参数

(1)100 MW轴流转桨机组水轮机导叶接力器关闭、开启时间范围:全关闭时间5～25 s,可调;全开启时间5～25 s,可调。

导叶接力器应可以分段用2种速度关闭,以限制甩负荷时转速和压力上升值及轴流机组的反向水推力值。

(2)20 MW混流机组水轮机导叶接力器关闭、开启时间范围:全关闭时间5～20 s,可调;全开启时间5～20 s,可调。

(3)桨叶接力器时间范围(仅对100 MW轴流转桨机组调速器):全关闭时间5～60 s,可调;全开启时间5～35 s,可调。

（4）额定操作油压:6.3 MPa

十二、调速器调节参数的调整范围

调节参数应满足机组稳定运行的要求,并在下列范围内连续可调。

（1）永态转差率 b_p:0～10%,级差1%。

（2）PID 参数:比例增益 K_P,0.5～20.0;积分增益 K_I,0.05～10.0 s^{-1};微分增益 K_D,0.0～5.0 s。

（3）人工失灵区可调范围:±1.0%;调节分辨率0.01 Hz。

（4）转速调节范围:±10%。

（5）功率给定调节范围:0～115%,调节分辨率1%。

（6）频率给定调整范围:45～55 Hz。

（7）开度限制调整范围:0～110%,调节分辨率1%。

第四节　功能要求

一、控制功能

（1）转速及有功功率的调节。

（2）可保证稳定运行于下列工况:单机空载、单机带负荷运行和并网带负荷运行。

（3）快速频率跟踪:为了缩短同期时间,调速器应有频率跟踪器,并应具有优良的调节性能,使机组频率快速跟踪电网的频率。

（4）频率稳定功能:使机组频率自动保持在给定频率,其波动值不得超过性能参数的规定。

（5）功率恒定功能:在设定频率死区范围内或其他不调节参数范围,机组能稳定运行在给定功率值的输出功率上,其波动值不得超过性能参数的规定。

（6）出力调整和限制功能:导叶和桨叶限位装置应可限制导叶和桨叶位于任意位置（开度和角度）,并使机组出力保持在给定的位置。

（7）调速器接受的功率信号由安装在电气柜上的功率变送器输出的 4～20 mA 信号给出,功率变送器输入信号为机端 PT 和 CT 信号。

（8）并网后,负荷调节具有现地操作把手、远方脉冲信号、远方数字信号和 4～20 mA 模拟量信号4种方式。

二、优化运行功能

在正常运行时,根据电站水头及负荷变化（导叶位置）自动调整桨叶角度,以达到机组高效率运行。

　　按水轮机制造厂提供的转轮叶片最优水力运行方式进行机组开、停和发电等状态转换控制。要求积极配合其他各方进行机组整体试验,实施过程中不得造成过大的转轮上抬或其他不良的过渡现象,应保留有手动操作试验方式的控制模式。

　　具有较强的自适应能力以提高在不同运行环境的调节品质。能根据导叶开度、有效水头和机组出力所反映的运行工况(如空载或并网运行)自行调整调节参数(K_P、K_I、K_D)和控制结构,以实现在多数工况下均能以相应的最优参数和最佳控制结构参与机组的动态调控,并实现不同结构和参数下的平滑过渡。

三、控制方式

　　调速器具有下述控制方式,可通过装在机械/电气控制柜上的开关进行选择。

　　具有自动运行、电手动和纯机械手动3种工作方式,它们之间切换须方便可靠,能实现完全无扰动地切换,当电气部分发生故障时,可无扰动地切换至手动状态。

　　自动状态下,调速器能实现远方开机、停机,同时现地和远方都能稳定地增减出力。空载状态下,调速器应使机组稳定跟踪给定频率或电网频率,便于并网。孤立运行时,能自动改变调节参数,保证在孤立网时,安全稳定运行。

　　电手动仅适合于调速器柜上通过开度给定增减按钮手动控制导叶、桨叶开度。手动状态下,可在机械/电气控制柜旁实现开/停机操作。

四、开、停机功能

　　(1)正常开、停机:调速器应能配合计算机监控系统实现现地或远方对机组进行正常开、停机;以最佳过程使机组停机,可实现导叶分段关闭。

　　(2)事故停机:根据机组事故信号,由自动装置发出的停机命令或计算机监控系统的指令关机至0开度或空载开度。

　　(3)调速器具有黑启动功能。

五、手动－自动单元功能

　　(1)调速器设置独立的自动、带远方操作接口的电控手动通道。在电控手动控制方式下,电控手动操作机构能在0～100%导叶开度范围内操作水轮机导水叶于任意开度,能在0～100%桨叶开度范围内操作水轮机桨叶于任意开度。

　　(2)电控手动操作机构应配置独立的导叶、桨叶位置控制系统。能实现手动/自动、运行/试验等操作及操作切换。当调速器出现故障时,导叶的开度可保持不变,但不妨碍机组正常和事故停机。机组甩负荷时,调速器应能使机组自动关机到空载运行。

　　(3)调速器手动或自动操作时,系统应具有自动开度跟踪环节,以保证需要时机组能快速无扰动地相互切换。

六、水头反馈机构

调速器设有水头反馈机构,能根据运行水头自动保持最佳协联关系,自动调整启动开度、空载开度和限制开度。水头信号由工程提供。

调速系统采取技术措施避免因水头信号故障出现机组不稳定的扰动调节或溜负荷现象。

七、在线自诊断功能和容错功能

调速器有下述在线自诊断功能和相应的容错功能,并以适当的方式明确指示故障:

(1)模/数转换器和输入输出通道故障;

(2)反馈通道故障;

(3)液压伺服系统故障;

(4)程序出错和时钟故障;

(5)控制设备故障(包括桨叶控制装置故障)和测量信号出错(包括测速系统故障);

(6)事故关机回路故障;

(7)操作出错诊断;

(8)导叶开度限制装置故障;

(9)其他故障。

八、离线自诊断功能

(1)数据采样系统的精度检查;

(2)数字滤波器的参数检查和校正;

(3)调节参数检查及调整;

(4)程序检查;

(5)导叶－桨叶协联控制检查和调整;

(6)修改和调试程序;

(7)CPU 和总线诊断等。

九、保护功能

(一)故障保护

当调速系统的故障性质仍允许机组继续运行或当测速信号消失时,调速器保持机组原运行状态工作且不影响机组正常和事故停机,还能根据外部指令正确地完成停机、启动、并网以及增减负荷等操作,同时将故障信号送往电站计算机监控系统,故障消除后自动平稳地恢复工作。

调速系统事故作用于机组停机,电气柜上的指示灯应指示事故,调速器有事故信号输出,且至少应有 2 对电气上独立的报警接点接到端子排上,以便与远方装置相连。必须提供引发上述事故的详细信息对应表。

当发生电源消失或其他内部故障时,调速器保持导叶在它们的原位,而且停机回路和导叶随限制应保持可操作性,并发报警信号。

(二)加速度保护

调速器对机组开机过程的转速、加速度进行监测,并根据设定的加速度值对越限作出保护性反应,并发报警信号。

十、显示功能

(一)参数显示

通过显示终端可以实时显示本系统的运行方式、运行参数、调节参数及事故、故障信号等信息,并能自动记录正常开、停机过程以及事故停机过程中的转速、开度、接力器行程、有功功率的过渡过程,可在线显示或离线显示过渡过程曲线。

在主显示画面上至少显示以下参数值:导叶开度、导叶开度限制值、桨叶转角、桨叶转角限制值、转速、电液转换装置工作油压、工作电压、控制信号、水头信号以及有功功率等。

(二)状态显示

调速系统的故障信号经综合后引出 3~4 个无源接点。总故障信号、运行方式及设备状态信号应在电气柜或机械柜上用信号灯显示。

下列信号可在本系统显示屏上显示:

转速信号消失、导叶开度信号Ⅰ(Ⅱ)消失、桨叶转角信号消失、功率信号消失、电液随动系统故障、电调故障、工作电源或操作电源失电、通道故障、调速器自动和手动方式运行、导叶锁锭状态、运行工况以及电液调节装置工作方式等。

十一、对外通信功能

微机调速器系统能方便地实现数字接口和 I/O 口 2 种接口方式,与电站计算机监控系统进行通信,并接受电站计算机监控系统的监控。

与电站计算机监控系统通信主要完成如下功能:

(1)上行传送微机调速器实际运行测量参数、设定整定值、调节器状态及调节参数值、工作方式、事故及故障信号等。

(2)下行传送脉冲或绝对值(数字量)整定值、运行方式指令信号和各种查询。

接口要求由供货厂家给出,包括接口方式、通信规约、接口内容及技术要求等。

十二、调试功能

调速器提供功能强大的性能测试装置(包括接口及软件包),该装置能方便地进行下列各种现场或模拟试验：

（1）自动进行调速系统的静态及动态参数测试。

（2）自动处理用户输入的各种参数。

（3）自动用菜单及图形界面指导用户进行现场试验及操作。

（4）提供评价动态过程的数据。

（5）能以测试数据、表格及曲线等形式自动记录试验结果。

所有试验均能实时动态地在微机上显示波形，试验结束后自动计算出相应结果。试验数据、波形可根据用户需要保存，并有专门的软件进行打印。

第五节　调速器及油压装置布置要求

4 台套 100 MW 轴流转桨机组调速器的电气柜布置在发电机层上游侧；机械柜与油压装置布置在发电机层，其中机械柜与回油箱组合成一体，用回油箱顶板作为基础板悬挂在发电机层楼板上；2 个油压装置的底部嵌入发电机层楼板下，以便于与回油箱的管路连接。

1 台套 20 MW 混流机组调速器的电气柜布置在发电机层上游侧，机械柜与油压装置布置在水轮机层。

第六节　电气控制系统

调速器由微机处理器控制系统来控制，该系统采用冗余结构。局部设备发生故障时，冗余系统能无扰动地实现自动切换。也可以人工干预实现手动切换，调速器整体的可维护性和可利用率应满足规程的要求。微处理器控制系统设备应布置在电气柜内，在电厂发电机周围环境下运行不产生扰动和零漂。

调速系统采用 32 位字长及以上高性能微处理机，采用双微机双通道冗余控制结构，能适应将来主要功能和辅助功能扩展的需要，能适应现场条件下长期可靠工作，运行速度和控制精度应保证满足调速器技术规范规定的所有性能和功能要求。

采用带有不小于 10 in 平板液晶显示器，作为微机调节器的人机接口与显示界面，通过计算机网络与 2 套微机调节器进行数据通信，具有良好的中文人机图形界面。

微处理机的 I/O 模块与外部的 I/O 信号均应有光电隔离措施，各种型号的模拟输入输出及数字输入、输出通道数应根据性能要求配置并预留 20% 的裕量。各种电路板应允许带电插入或拨出。

提供合适的系统软件和应用软件去完成规定的工作。软件按模块化设计，并允许从规定的程序接入设备去改变程序运行方式或控制参数。软件使用方便，维护容易，所有软件均经过测试，并能直接投入现场操作。提供详细的系统软件和应用软件源程序及其使用维护指南，并使用户能通过 PC 机对软件程序进行检查调整，重新配置及开发。

提供一个 RS232 串行、USB 或其他通信接口，以便与微机连接，用于存取微处理机里的数据及修改微处理机中的程序。

采用 2 套工业级的大功率开关电源构成调速器控制系统供电电源,2 路电源输入 1 路交流 220 V 和 1 路直流 220 V,每 1 套开关电源均可满足整个调速器控制系统工作需要。正常工作时,2 套电源互为热备用。

第七节　测量系统

一、转速测量

转速测量采用齿盘测速和残压测速 2 种方式。

(1)齿盘测速。提供 1 套齿盘测速系统,其构成为:装在水轮机或发电机主轴上的齿盘、接近开关传感器以及相应的转速信号处理装置等。

(2)残压测速。残压测速系统由工程提供发电机机端电压互感器电压信号。

由齿盘测速和残压测速这 2 个部分构成冗余的调速器转速双路检测系统。调速器微处理机控制系统应能对这 2 个测速系统传来的转速数据进行合理性判断。当两者均正常时,取其中 1 个作为转速信号输出。当其中 1 个测速系统故障时,应能给出故障信号,而以正常的测速系统测得的转速作为转速信号输出。当 2 个测速系统都故障时,应能维持机组短时间的正常运行,并发报警信号。

测速装置的机械和电气部分设计能连续运行,且在水轮机最大飞逸转速下不被损坏。

二、功率测量

提供测量发电机有功功率的变送器,工程提供机端电压互感器和电流互感器信号源。

三、导叶开度测量

提供导叶开度测量传感器。导叶开度测量传感器为直线位移传感器,采用双电气反馈,测量误差不得超过 0.1%,能适应安装现场环境,抗干扰能力强,不出现振荡或不稳定的输出信号。

四、桨叶转角测量(仅对 100 MW 轴流转桨机组调速器)

提供桨叶开度测量传感器,其测量误差不得超过 0.1%,能适应安装现场环境,抗干扰能力强,不出现振荡或不稳定的输出信号。

五、水头测量

由工程方提供模拟量 4~20 mA DC 标准信号。

六、分段关闭装置

调速系统具有导叶分段关闭功能,且分段关闭时间,拐点便于调整。该装置必须在运行的同类型水轮机上证明是可靠的。其直线关闭时间及其拐点时间与相应的导叶开度需要经调节保证计算优化后选定。该装置所有电气、机械部件和管件等相关部件均由供货方供给。

七、过速限制器

为保证机组安全,提供 1 套过速限制器,以防止机组转速达到 115% 额定转速时继续升速。该装置操作信号来自机组转速检测系统。过速限制器包括事故配压阀、电磁配压阀(进口)、液动配压阀及油阀等。

八、电气柜上的仪表

电气柜具有下述主要显示内容:
(1)转速(频率)指示器,刻度 0 ~ 200% 额定值。
(2)发电机有功功率表,刻度 0 ~ 140 MW(仅对 100 MW 轴流转桨机组调速器)。
(3)发电机有功功率表,刻度 0 ~ 25 MW(仅对 20 MW 混流机组调速器)。
(4)电控手动导叶开度限位调节把手(手动)。
(5)电控手动导叶开度调节把手(手动)。
(6)电控手动桨叶位置限位调节把手(手动)。
(7)电控手动桨叶位置调节把手(手动)。
(8)紧急停机指示灯。
(9)自动 – 电控手动 – 试验转换开关及指示灯。
(10)锁定位置指示灯。
(11)调速器故障指示灯。
(12)导叶位置、桨叶位置、导叶开度限位指示器,双针指示型。

第八节　机械液压系统

一、机械液压柜

机械液压柜采用液压集成技术。主要由电液转换元件、开停机阀块、滤油器和主配压阀等组成。在不改变图纸要求的前提下,优先采用集电液转换、主配压阀、紧急停机电磁铁和滤油器于一体的集成体。机械液压系统无杠杆和钢丝绳,并尽可能取消中间接力器等中间环节。主配压阀阀芯上应带有位移传感器和卡阻检测装置。液压元件尽量采用模块式连接,并便于清洗,尽量减少油管路。各种液压元件应有防卡、防震及防止油黏滞的措施。调速系统保证性能符合 GB 11120—1989《L – TSA 汽轮机油》的操作油通过时不发生卡阻。滤油器并联 2 只,互为备用,能手动切换,切换时不影响液压系统正常工作。其安装位置合理,便于在运行中取出清扫,清扫时不造成油路系统污染。当采用的电液转换元(器)件对油质要求较高时,应采用控制油和操作油相互独立的设计,并采取有效措施,保证元(器)件对油质的要求。

电液转换元件是机械液压柜内最关键的设备,采用进口元件。要求其响应性好,动作灵敏度,重复精度高,稳定性好,温漂小。其结构简单,安装调试、维护方便,耗油量小,保证在各种工况条件下,能正确可靠地工作。电液转换元件可采用数字阀、步进电机和伺服比例阀等型式,但要提供其同类产品成功运行 3 年以上的证明材料。如果采用步进电机方式,有防止失步的可靠措施。为了提高该元件的可靠性,电液转换元件应采用冗余设计,当主用件出现故障时,后备电液转换元件应保证调速系统的基本功能,同时发信号。

在电液调节装置的调节参数、指令信号及输入信号不变的条件下,油压在正常工作范围内变化时,所引起的主接力器位移不得大于全行程的 0.5%。

提供液压传感器将调速系统油压信号传送到调速器电气柜。

二、回复机构

本调速器主配压阀回复机构采用电气反馈进行集中控制,不设常规液压随动系统中的钢丝绳和杠杆组成的回复机构。提供的控制方案必须有在水电站机组中成功运行 3 年以上的范例和良好的业绩。阐述在电气控制系统失灵的情况下防止主配压阀抽动和振荡的紧急事故措施。

三、机械柜上的控制装置和仪表

(1)调速器油压表,10 MPa。

(2)导叶开度限制和导叶开度指示器,刻度 100%,两用型。

(3)桨叶角度指示表,刻度 0.5°(仅对 100 MW 轴流转桨机组调速器)。

(4)电手动导叶开度限位调节把手。

(5)电手动导叶开度调节把手。

(6)事故停机按钮。

(7)导叶锁锭控制开关,带红、绿指示灯。

(8)转速指示器,刻度 0 ~ 200% 额定转速。

(9)电手动 – 自动状态指示灯。

四、机械柜内的控制装置和设备

(1)可电手动操作的导叶开度限位装置,在导叶全行程范围内,限制导叶开度于任意值。

(2)调速器油压传感器将信号(输出 4～20 mA,1.5 级,辅助电源 220 V 交、直流)传给控制柜上的油压表,从而避免调速器柜外面设高压管路。

(3)压力截止装置和导叶锁锭油压供应:机械柜内这一装置,在导叶已关闭并锁锭后,自动切断到主配压阀和其他液压系统元件的油压,在正常和紧急关机期间,保持已在工作的接力器油压。截止装置为油压操作,并在紧急情况下能手动打开。此装置快开快关,由"有压"和"无压"的单独的瞬时直流信号控制,并且不用连续供电就保持在其中 1个位置。油压截止装置和其他调速器元件的配置原则应是当油压要截止和发出"有压"信号时,操作机械应该施加关闭力于导叶,并提供液压以释放导叶锁锭装置。直到导叶锁锭已充分投入时,油压才被截断。

(4)柜内有必要的带保护罩的灯和供电变压器,灯应是卡口的,适合于 220/230 V,AC 电源。

五、油压装置

油压装置由油泵及附件、压力油罐及附件、自动补气装置和回油箱等组成。

(一)油泵

(1)100 MW 轴流转桨机组调速系统的油压装置设有 2 台相同的主油泵和 1 台增压泵,每台主油泵每分钟总容量应不小于水轮机导叶接力器总有效容积的 1.5 倍,增压泵容量应不小于预想的调速系统最大漏油量的 1.5 倍,所有油泵为螺旋型,在最大油压下能自吸,每台泵应直接与三相、低启动电流、50 Hz、380 V 交流感应电动机相连。

(2)20 MW 混流机组调速系统的油压装置设有 2 台相同的主油泵,每台主油泵每分钟总容量应不小于水轮机导叶接力器总有效容积的 1.5 倍。所有油泵为螺旋型,在最大油压下能自吸,每台泵直接与三相、低启动电流、50 Hz、380 V 交流感应电动机相连。

(3)每台油泵装设相应的卸荷阀、安全阀、止回阀和/或电磁阀,油泵轻载启动,使油泵仅在向压力油箱注油时才带压工作;当油泵输油压力达到最大正常工作压力 105% 时,安全阀能迅速开启排油,并将全部输送油量排入回油箱,当油压下降至最大正常工作压力时,安全阀完全关闭。提供相应的手动操作阀,以便使任何 1 台油泵检修和更换时与油压系统隔开而不影响系统运行

(4)说明油泵的工作方式,并提供油压装置的自动化元件。

(5)在每台油泵出口配备可切换的双油过滤器,过滤精度不低于 20 μm,每个过滤器应设有堵塞信号装置用于报警指示。

(6)电动机:电动机除满足技术要求外,还应符合 GB 755《旋转电机技术要求》的要求,采用 F 级绝缘,具有 IP44 保护等级。轴承为耐磨轴承。优先采用密封和永久润滑型。

否则,轴承上设置注油和排油孔。排油管与轴承一并提供。交流电动机采用鼠笼式感应电动机,在额定电压下的起动电流不大于额定电流的 6 倍。在额定频率下、85% ~ 110% 的额定电压范围内连续正常运行;在额定电压下,频率偏差 ±5% 范围内连续正常运行。

(二)压力油罐

1. 压力油罐容积

压力油罐容积满足机组黑启动情况下接力器操作用油要求。

2. 结构

压力油罐应是钢板焊接结构;其设计、制造、试验、探伤和验收应符合 GB 150—1998《钢制压力容器》中的相关标准,压力油罐应具有足够的容积并能操作水轮机接力器的"关—开—关"3 个全过程。在调速器额定工作压力时,压力油罐中油气比为 1:2,压力油罐设有压力表、压力开关或压力变送器、带阀门的油位计及油位变送器、油位开关、空气安全阀(安全阀的开启压力整定值应不超过压力油罐的设计压力,但大于压力油罐的最大工作压力)、供排油接头、空气过滤器、供气接头和手动操作的空气泄放阀以及压缩空气自动补气装置。为了便于观察压力油罐的油位,应提供 1 个防爆型直观式油位计,并设置隔离阀使该油位计在系统正常运行时能与压力油罐隔离。

3. 连接

除供排气和安全阀接口外,压力油罐的所有油口均应在最低油位以下,并保证在最低油位情况下,无空气进入调速系统油管内。每只油罐应设有 1 个 Φ500 mm 进人孔,带有阀门的排油管、吊耳和支座。压力油罐应设有 2 个供油口(主供油口供调速器用,辅助供油口用于各电磁配压阀)、1 个手动操作阀的放空口,用于将油排入回油箱,以便进行压力油罐维修和清理。

4. 自动补气

提供向压力油罐自动补气的自动补气阀组,通过油压和油位开关发出的信号自动控制压缩空气进入压力油罐。自动补气阀组有状态指示电信号送给油压装置控制柜。在靠近压力油罐的供气管上应装设 1 个空气过滤器。

5. 管道

提供调速器柜、压力油罐和回油箱之间的全部管道。包括完整的调速系统的阀门、管接头、管子吊架及支撑架,以及螺栓、螺母、垫圈、耐油密封垫和盘根等。

调速系统的供排油管、高压压缩空气管路应采用不锈钢管,用法兰连接。阀门及相关附件采用不锈钢制作。调速系统主供油管的最大流速不得超过 5 m/s。

6. 自动化元件

压力油罐上的压力开关除油泵控制外,至少应提供 2 只压力开关,每只带 2 个可调的、独立的、不接地的电接点回路。1 只开关用于调速器压油罐内油压很低时闭合报警回路;另 1 只用于事故低油压下停机(若机组在运行的话)或防止开机(若在停机状态)。

(三)回油箱

1. 概述

回油箱容积不小于压力油罐的全部油量和依靠重力从调速系统返回回油箱的全部油量之和的 1.1 倍。回油箱有合适的、便于检修的进人孔,并装有 1 个精密网状隔板过滤器,每一油泵吸口装设 1 个过滤器,网状过滤器和油泵吸口过滤器便于拆卸清洗,而不需排掉回油箱中的油。回油箱应装设嵌入式油位指示器、油位开关、油位变送器、温度信号器、油混水报警装置、充油接头、呼吸器、化验取油样弯嘴式旋塞、排油接头和排油阀各 1 个,以及油净化循环过滤装置接口,并设有油混水变送器。回油箱装设油加热装置和油冷却装置,以维持回油箱内的油温在 10 ~ 50 ℃。

调速器机械柜与回油箱组合成一体。100 MW 轴流转桨机组调速器回油箱顶板作为基础板搁置在发电机层楼板上,有足够的强度和刚度承受调速器机械柜、回油箱本体和油的重量以及油泵运行时的动荷载。20 MW 混流机组调速器回油箱布置在水轮机层楼板上。

2. 静电液压过滤系统

提供 1 套回油箱静电液压过滤循环系统。该系统应能除去 0.05 mm 以上的杂质和 50 ppm 以上的水分,并布置在回油箱的顶部。

3. 制作要求

回油箱无裂纹、明缝或盲孔,且箱内所有焊接应连续,焊缝可以不进行应力释放,制成的回油箱应做煤油渗漏试验,回油箱内部应涂耐油油漆。

回油箱内的所有设备应在现场分解清扫后回装。

4. 自动化元件和仪表

每套油压装置配套提供的自动化元件和仪表见表 8-1。

表 8-1　　　　　　　　　　　　　自动化元件和仪表

序号	名称	单位	数量	备注
1	压力油罐液位指示器	个	1	进口
2	压力油罐液位开关	套	1	含 4 个液位开关,进口
3	压力油罐压力开关	个	4	进口
4	压力油罐压力传感器	个	1	进口
5	压力油罐压力表	个	1	—
6	回油箱液位指示器	个	1	进口
7	回油箱液位开关	套	1	含 4 个液位开关,进口
8	回油箱油混水信号器	个	1	进口
9	自动补气装置	套	1	进口

第九章 控制保护用辅助电源系统

第一节 供货范围

直流系统设备包括交流配电单元、整流充电单元、监控单元、直流馈电单元、绝缘监测单元、阀控式密封铅酸蓄电池、电池监测单元及逆变装置等。

系统供货范围如下。

(1)整流充电盘2面：包括交流配电单元、整流充电单元、监控单元等。

(2)直流主负荷盘2面：包括绝缘监测单元及主直流断路器等。

(3)交直流负荷盘7面：包括绝缘监测单元、直流断路器及交流断路器等。

(4)阀控式密封铅酸蓄电池2组及电池监测单元2套。

(5)逆变电源装置盘1面。

(6)备品备件。

(7)专用仪器仪表及工具。

第二节 系统基本性能要求

(1)直流系统电压为220 V,由2组阀控式密封铅酸蓄电池组成。当厂用电源出现事故时,事故负荷持续时间按1 h计算,蓄电池容量为600 Ah。

(2)电池组不带端电池,正常时应按浮充电方式运行。直流系统采用单母线分段接线,在每段母线上各接1套整流充电装置及1组蓄电池,同时2条母线再备用1套整流充电装置。为防止2组蓄电池并联运行,2段母线连接处应考虑闭锁措施。

(3)要求直流系统的整流单元、电池监测单元、绝缘监测单元均与监控单元通信,然后通过监控单元的通信接口与电站计算机监控系统通信。通信内容主要包括各设备事故、故障量及主回路的状态量,通信接口为RS485,规约符合电站计算机监控系统的要求。

(4)蓄电池组、充电装置、直流母线联络开关和直流断路器等要求有开关量信号输出;直流母线Ⅰ、Ⅱ段应装设变送器输出4~20 mA电压模拟量,3套充电装置回路应装设变送器分别输出4~20 mA电流模拟量,I/O量应符合DL/T 5044—2004的规定。

(5)根据所要求供货的设备,应提供组屏方案。

第三节　主要设备性能要求

一、交流配电单元

交流配电单元的主要功能是:将每个整流充电装置外接的 2 路交流电源(380 V(1 ± 15%),50 Hz(1 ±5%)三相四线),分配给各个充电模块,并实现 2 路交流电源的自动切换。在交流回路应设有过电压保护器,应有效防止感应雷击和过电压的冲击,保障充电模块内部的电路不受损害。

二、整流充电单元

(一)基本功能

(1)完成 AC/DC 转换:一方面给电池充电,另一方面给经常性负载提供电源。充电模块可以在自动和手动 2 种工作方式下工作。可以将充电模块的运行数据上报到监控单元和接受监控单元的控制命令。

(2)采用电力用高频开关整流电路:满足充电、浮充电以及所连负荷的长期连续工作,同时还应有一定的过载能力,可自动均流、带电插拔,应具有稳流、稳压及限流性能。

(3)采用数字控制技术:能按照不同蓄电池的充电特性曲线要求实现从开机到主充、均充、浮充电全过程自动转换,可以检测蓄电池的容量,自动进入浮充—均充—浮充状态,随环境温度的变化能自动修正浮充电压值。

(4)采用恒压方式进行浮充电:浮充电时,严格控制单体电池的浮充电压上下限,防止蓄电池因充电电压过高或过低而损坏。

(5)有自启动功能:启动瞬间无电压、电流过充现象。具有交流保护(交流过压、欠压、缺相)、直流输出保护及模块过温保护等功能。

(6)主要事故和故障信号应有开关量输出,其输出接点容量为 DC220 V/5 A。

(7)高频开关电源模块应为 20 A,采用 $N + 1$ 模式,每套浮充电装置为 7 个模块。要求高频开关模块不带风扇。

(8)高频开关电源模块为进口知名厂家生产的性能优良的产品。

(二)基本性能

(1)均流:在多个模块并联工作状态下运行时,各模块承受的电流应能做到自动均分负载,实现均流;在 2 台及以上模块并联运行时,其输出直流电流为额定值时,均流不平衡度应不超过 ±5% 额定电流值。

(2)功率因数:应不小于 0.90。

(3)谐波电流含量:在模拟输入端施加的交流电源符合标称电压和额定频率要求时,在交流输入端产生的各高次谐波电流含有率应不大于 30%。

(4)振荡波抗扰度:应能承受 GB/T 17626.12—1998 表 2 中规定的三级的振荡波抗

扰度。

（5）静电放电抗扰度：应能承受 GB/T 17626.12—1998 表 2 中规定的三级静电放电抗扰度。

（三）技术参数

稳压精度	$\leqslant \pm 0.5\%$
稳流精度	$\leqslant \pm 1\%$
纹波系数	$\leqslant 0.5\%$
效率	$\geqslant 90\%$
噪声	< 55 dB
交流输入	380 V（$1 \pm 15\%$）　50 Hz（$1 \pm 5\%$）　三相四线
直流输出	220 V（$1 \pm 2\%$）
额定电流	每套 120 A（共 3 套）
输出电压范围	198～286 V DC
稳流调整范围	0～100%（额定负载电流）

稳压工作时，当充电电流超过设定值的 105% 时，自动进入限流充电状态；稳流方式运行时，能根据电池组的电压自动转入稳压运行，防止过电压；蓄电池逆变放电至终止电压时，自动停止放电。

三、监控单元

监控单元是电源系统的控制管理核心，采用分散测量控制和集中管理，即整流模块、绝缘装置、电池巡检以及配电监控等单元均通过各自的 CPU 完成数据的现地处理和告警功能，然后通过通信方式将数据送入监控单元，进行数据管理和对外通信。

监控模块以 CPU 为核心，主频不低于 30 MHz，扩展存储器包括 EPROM、ROM、EEP-ROM 以分别存储各种数据。应有硬件看门狗电路以提高模块的可靠性。需多个扩展串口实现多个下级设备的连接，配有人机对话、键盘连接接口、打印机接口及可输出告警干接点。软件设计应采用面向对象的编程方法，程序运行软件和系统配置数据分别处理。并配有不小于 10 in 液晶显示器，全汉化显示操作简便。监控系统能显示模拟系统原理和流程、显示系统当前状况及触点同断后动态变化的画面，并提供 RS485 通信口与其他设备通信。

四、微机绝缘监测单元

绝缘监测单元能正确区分母线及每分支线路接地或绝缘电阻低于整个值，并能同时分辨出 2 条线路接地故障；在线巡检绝缘支路绝缘状况并显示。

具有完善的自检、自调试功能，显示并记录接地支路编号母线、母线极性、电阻值及发生时间。

有接地报警、欠压报警、过压报警接点信号输出接点容量为 DC220 V/5 A,并具有通信接口;具备直流母线电压监察功能,显示并记录母线电压值(测量误差不大于整定值的 0.5%)。

屏幕采用汉字显示,操作方便。

绝缘监测单元共配 8 套,每个监测支路数应不小于 48 路。

五、交直流负荷单元

(1)主直流负荷盘 2 面,直流母线每段配置 12 个直流断路器,共有 24 个直流断路器,容量分别为 160 A 2 路、100 A 16 路、50 A 6 路。配 1 套微机绝缘监测装置。主直流负荷盘布置在直流盘室。

(2)1#~4#机旁交、直流负荷盘 4 面,要求每块盘从主直流负荷盘的每段直流母线分别引直流电,在各交、直流负荷盘形成 2 段直流母线,每段配置 16 个直流断路器,共 32 个直流断路器,容量分别为 50 A 2 路、10 A 6 路、6 A 24 路。并在每面负荷盘配 1 套微机绝缘监测装置。另外,配置 18 路单相交流断路器,其中:6 路容量为 10 A,12 路容量为 6 A,接受厂用电 2 段母线的电源输入,输入电压为 380 V,容量为 15 kVA,并配置双电源切换装置;机旁交直流负荷盘分别布置在发电机层上游侧。

5#机旁交直流负荷盘 1 面,要求每块盘从主直流负荷盘的每段直流母线分别引直流电,在交直流负荷盘形成 2 段直流母线,每段配置 16 个直流断路器,共 32 个直流断路器,容量分别为 30 A 2 路、10 A 6 路、6 A 24 路,并配 1 套微机绝缘监测装置。另外,配置 18 路单相交流断路器,其中:6 路容量为 10 A,12 路容量为 6 A,接受厂用电 2 段母线的电源输入,输入电压为 380 V,容量为 15 kVA,并配置双电源切换装置;此盘布置在 5#发电机层上游侧。

(3)GIS 交直流负荷盘 1 面,要求从主直流负荷盘的每段直流母线分别引直流电,在交直流负荷盘形成 2 段直流母线,每段配置 16 个直流断路器,共 32 个直流断路器,容量分别为 10 A 26 路、6 A 6 路,并配 1 套微机绝缘监测装置。另外,配置 18 路单相交流断路器,其中:6 路容量为 10 A,12 路容量为 6 A,接受厂用电 2 段母线的电源输入,输入电压为 380 V,容量为 15 kVA,配置双电源切换装置;GIS 交直流负荷盘布置在 GIS 室。

(4)继保室交直流负荷盘 1 面,要求从主直流负荷盘的每段直流母线分别引直流电,在交直流负荷盘形成 2 段直流母线,每段配置 16 个直流断路器,共 32 个直流断路器,容量分别为 10 A 26 路、6 A 6 路,配 1 套微机绝缘监测装置。另外,配置 18 路单相交流断路器,容量均为 10 A,接受厂用电 2 段母线的电源输入,输入电压为 380 V、容量为 15 kVA,配置双电源切换装置;继保室交直流负荷盘布置在继电保护盘室。

(5)系统配置上下级熔断器的熔体之间额定电流值应保证 2~4 级级差,电源端选上限,末端选下限。蓄电池组总熔断器与分熔断器之间应保证 3~4 级级差。

(6)所有断路器应采用具有自动脱扣功能的直流断路器,各直流断路器容量只是暂定。直流断路器应为 ABB、施耐德或西门子的产品。

六、阀控式密封铅酸蓄电池

（1）每节蓄电池的性能参数如下：

标准电压　　　　　　　　　　　2 V

浮充电压　　　　　　　　　　　2.23～2.27 V

额定电流放电 1 h 后终端电压　　1.80 V（不低于）

均充电压　　　　　　　　　　　2.30～2.40 V

（2）电池应具有较长的使用寿命，性能应稳定可靠，常温下蓄电池寿命应大于 15 年（25 ℃）。

（3）电池应具有过充及过放能力，并适用于浮充工作制。

（4）应能承受大电流放电、深循环放电及充电周期大于 1 200 次。

（5）在常温下自放电率，电池每月自放电小于额定容量的 3%。

（6）对蓄电池室应不需要特殊的通风设备，为支架式水平方式布置。

七、电池监测单元

能在线监测单体电池的电压和告警。可设置告警限，适应不同电池厂家的电池及不同的使用环境等条件。

故障信号接点输出容量为 DC220 V/5 A，具有通信接口；能在线监测蓄电池冲放电曲线；能监测蓄电池放电安时数；蓄电池故障或异常时，能显示蓄电池序号及单个电池电压。

每组电池配温度传感器对电池的均浮充电压进行温度补偿。

八、逆变电源装置盘

逆变电源装置盘用于事故照明。

容量：30 kVA。

正常运行时，逆变器处于离线工作模式，供给负载电源。

交流输入：380 V（1±15%）三相四线或单相 220 V（1±15%），50 Hz（1±5%）。

直流输入：220 V（1−10%），220 V（1+5%）。

交流输出：380 V（1±3%），50 Hz（1±0.1%），三相四线制，正弦波。

输出谐波畸变：小于 5%。

电源切换时间：小于 5 ms。

逆变效率：大于 90%。

第十章 视频监控系统

第一节 概　　述

世界上最早的视频监控系统应该算是闭路电视监控系统(CCTV),全模拟的视频监控系统,在早期的安防行业中发挥了重要作用。模拟视频监控系统就是图像信息采用视频电缆,以模拟信号方式传输然后还原,一般传输距离不能太远,主要应用于小范围内的监控,监控图像一般只能在控制中心查看。全模拟视频监控系统以模拟视频矩阵和磁带式录像设备 VCR 为核心。

到 20 世纪 90 年代,随着数字技术的发展,数字视频监控开始出现,以数字控制的视频矩阵替代原来的模拟视频矩阵,以数字硬盘录像机 DVR 替代原来的长延时模拟录像机,将原来的磁带存储模式转变成数字存储录像,实现了将模拟视频转为数字录像。DVR 集合了录像机、画面分割器等功能,跨出数字监控的第一步。在此基础上产生了全数字的视频监控系统,可以基于 PC 机或嵌入式设备构成监控系统,并进行多媒体管理。

随着宽带网络的普及,视频监控逐渐从本地监控向远程监控发展,出现了以网络视频服务器为代表的远程网络视频监控系统。网络视频服务器解决了视频流在网络上的传输问题,从图像采集开始进行数字化处理、传输,这样使得传输线路的选择更加多样性,只要有网络的地方,就提供了图像传输的可能。整个系统趋向平台化、智能化。

可以看出,视频监控系统发展经历了模拟监控技术、数字监控技术、模拟 + 数字结合技术、全数字技术以及数字网络化技术的历史发展过程。下面各节以某水利枢纽工程视频监控系统建设实例进行系统介绍。

第二节 主要设备及配置

根据本电站"无人值班(少人值守)"的控制方式,电站视频监控系统应与计算机监控系统、火灾自动报警系统等系统有机地结合起来,通过在电站某些重要部位和人员到达困难的部位设置摄像机并随时将摄取到的图像信息传输到电站控制中心,以达到减少电站巡视人员劳动强度的目的,并实现电站重点防火部位、各场所安全监视、坝上和开关站等部位的远方监视、部分现地设备的运行情况监视等。

系统可以确保运行(值守)人员及时地了解电厂范围内各重要场所的情况,提高电厂运行水平的重要辅助手段。可对视频信息进行数字化处理,从而方便地查找及重视事故当时情况。

水电站视频监控系统的主要设备配置为:副厂房二层中控室设有视频矩阵切换主机、控制操作键盘、硬盘录像机、2×2 DLP 拼接大屏幕系统、监视器、1 个多媒体主机等主设备及附属配套设备。共设 99 个摄像头,分别安装在:主厂房机组各层、设备间、副厂房各主要房间、GIS 室、警卫室、坝顶及电站上下游等处(见表 10-1)。

表 10-1 参考配置

序号	设备名称	型号与规格	单位	数量
1	多媒体主机	—	台	1
2	画面控制器	—	台	1
3	视频切换矩阵(含键盘)128 入 16 出	—	套	1
4	视频分配器 16 分 48	—	台	9
5	硬盘录像机	—	台	9
6	硬盘	500 G	个	29
7	DLP 显示单元及拼接设备	50 in 含支架	套	4
8	监视器(桌面放置)	21 in	台	4
9	电视墙	—	套	1
10	彩转黑带室外云台后配镜头枪式摄像机光学 30X 变焦	—	套	4
11	彩色带室外云台枪式摄像机光学 30X 变焦	—	套	1
12	彩色带室外云台枪式摄像机光学 22X 变焦	—	套	1
13	彩色带室外云台枪式摄像机光学 8X 变焦	—	套	6
14	彩转黑枪式摄像机光学 8X 变焦	—	套	1
15	彩色带云台枪式摄像机定焦	—	套	2
16	彩色带室内云台枪式摄像机光学 22X 变焦	—	套	13
17	彩色带室内云台枪式摄像机光学 8X 变焦	—	套	36
18	彩色带室内云台红外枪式摄像机光学 8X 变焦	—	套	5
19	彩色半球摄像机	—	台	25
20	彩色半球摄像机 配防爆罩	—	台	4
21	室外恒温防护罩(含雨刷、喷水器)	—	套	14
22	室内防护罩	—	套	56
23	解码器	—	个	70
24	电源接线模块	—	组	6
25	信号避雷器	—	套	14
26	报警开关	—	台	19
27	4 路视频光端机	JSDT/R－4V1D－E1	台	2
28	8 路视频光端机	JSDT/R－8V－E1	台	3
29	16 路视频光端机	JSDT/R－16V1D－E1	台	8
30	设备柜	国产	台	2
31	8 芯单模室外光纤及各种附件	009－ASD－ODR－4C	m	3 500
32	视频线	SYV－75－7	m	4 800
33	视频线	SYV－75－5	m	34 165
34	5 kVA UPS 主机	SURT5000UXICH	套	1
35	电池包/0.5 h	SURT192XLBP	套	2
36	5 kVA 输入输出配电箱	—	套	1
37	备品备件(满足 2 年运行要求)	—	套	1
38	专用工具、设备及仪器、仪表	—	套	1

第三节　视频监控系统要求

一、系统总体要求

（1）工程视频监控系统采用工业级监控设备；录像设备采用抗恶劣环境高可靠数字式录像设备，且实现所有摄像点同时录像；监控软件采用专用软件，并且视频浏览软件无许可证限制。

（2）在中央控制室处留有远方监视、控制接口。

（3）系统以模拟方式从前端监控点传输彩色或黑白（摄像机根据照度自动调节）图像、控制信号至监控主机，并以图形界面的形式提供遥控功能。现场图像（彩色、黑白）应实时动态显示，传输帧率在 PAL 制式下不小于 25 帧/s。系统同时应具备双控功能，硬盘录像机和矩阵具有优先权利，任意选择的设备之一都具有控制优先权。

（4）中央控制室可以随时查看其授权范围内的任一摄像机的图像，也可以固定监视重要画面或按一定的程序对各个摄像机的画面进行轮流显示，同时能灵活控制每个监控点云台转动和摄像机镜头调焦。监控中心的监控画面可以在监控中心设备上，同时可以单画面或多画面同时输出到显示屏、投影仪等视频设备上。

（5）视频监控系统应能够对全部监控点进行全程视频录像，并能够将录像备份到硬盘及 DVD 光盘，要求存储时间重要部位达到 30 d 或以上。

（6）监控中心能够通过网络或通过备份 DVD 光盘浏览其授权范围内的前端监控点的全部历史视频录像。

（7）系统的所有室外视频监控设备应采用防盗护罩（防拆），一旦被盗，即可发出报警信号给系统主机，并在监视器上提示出报警部位，以通知运行人员。

（8）当出现告警时，监控站可按预定程序进行告警联动，并以字幕形式在屏幕上报警，同时声光一体机发出声光报警信号，报警后可自动启动实时录像。对已发生的报警信息操作员动作均有历史记录。

（9）系统应当实现和消防主机、报警系统的联动功能接口，能够在区域发生温度变化报警时，自动对该区域进行监视并记录过程。应能根据报警系统及预置的程序进行实时视频录像，或由手动实现即时录像，视频打印机可将重播或进行录像中的图像打印。

（10）当多媒体监控主机对前端监控点进行监控时，能够进行监控权限识别和自动分配。

（11）对监视信号应叠加汉字地址及年月日时分秒，以便于识别和录像取片，汉字的内容可以直接通过键盘修改。

（12）监视系统的软、硬件均采用模块化结构，便于系统扩容。

（13）系统具有自诊断功能。

（14）系统操作界面为中文图形界面。

（15）系统应具有视频丢失自检,视频信号丢失时能够向监控中心报警。

（16）应具有键盘口令输入,限制无关人员使用系统。

（17）系统应具有主控站、分控站操作权限设置。

（18）系统平均无故障时间大于 5 000 h。

（19）系统设备接地采用一点与电站公用接地网连接,电气设备的绝缘和耐压试验应符合国家有关规定。

（20）系统应符合国家和行业的相关标准。

（21）监控中心可以对图像进行网络上传预留接口。

（22）系统具有 GPS 对时功能,能接收全厂 GPS 装置的脉冲对时信号。

（23）系统具有完善的防雷设备,保证系统不受雷击影响,正常运行。

二、设备功能要求

（一）视频监控功能：

视频监控系统包括以下内容:

（1）应提供基本的摄像机操作功能、视像切换及其他辅助功能,包括云台、变焦距、控制光圈以及雨刷等控制。

（2）手动、自动循环选择。

（3）手动选择摄像机、监视器。

（4）用户可自动设定摄像机循环显示。

（5）可同时开/关多个不同的摄像机,可显示 16 个不同地点的分割画面。

（6）不少于三级操作优先等级。

（二）摄像头

（1）所有摄像头应有相应的防护罩。户外防护罩应防雨防尘及防盗、内置保温发热线装置,遮阳;户内护罩应具防尘及防盗功能。

（2）由于大部分摄像头配置于工业场所,摄像头必须具有高的灵敏度,以免光线不足而影响视像效果。

（3）监视集水井水位的摄像头应配有红外灯。

（4）监视油处理室、油罐室内设备的摄像头应配防暴罩。

（三）传输

各种视频信号和控制信号的传输方式见通信系统图。

（四）计算机及软件

（1）使用工业级稳定可靠的计算机操作系统,中文图形操作界面。

（2）具有图形编辑器,用户可自行编辑图形。

（3）在图形中摄像机、监视器都可以进行编辑,并允许插入实时图像,所显示的动态图标均反映该设备的实时状态。

（4）完全模拟操作键盘功能,可通过点击这些图标选择和控制相应的设备,包括摄像机、云台、视频录像以及控制输出等。

（5）口令保护进入菜单。

（五）电缆

应包括所有供货及工作范围内设备之间的连接电缆,并符合国家或国际标准。

三、视频图像总体要求

（一）视频讯号

（1）PAL 制式,每帧 625 线,帧频 25 Hz,场频 50 Hz。

（2）每秒线数应为（15 625 ± 300）Hz

（3）图像讯号为合成视频信号。合成视频信号幅度应为 1 Vp - p。同步信号幅度为 0.3 V,视频讯号幅度为 0.7 V。

（4）所有视频输入输出的阻抗应为 75 Ω。

（5）彩色载波频率应为 4.433 619 MHz,±5 Hz,幅度为 0.3 Vp - p。

（二）图像显示要求

（1）监视器显示,不可出现图像扭曲及扭动、颜色失真及三色汇聚不良等低质量图像。

（2）图像切换时的要求:当图像切换期间,不容许出现一瞬间的图像丢失、帧转动、线拉动及线跳动等现象。即使摄像头的电源来自不同电气相位,也不能出现上述情况。

四、设备布置和摄像机数量及安装部位

（1）设备布置:在中控室内布置视频监控系统的视频切换矩阵、控制键盘、硬盘录像机、多媒体监控主机、视频控制台、监视器、显示屏及拼接等设备。

监视器 4 台,其中:中控室 2 台、副厂房一层警卫室 1 台、副厂房三层办公室 1 台。

视频摄像机的供电电源采用集中供电的方式。

（2）电站共 99 点现场摄像头。

（3）所有信号传输应充分考虑抗干扰问题,发电机层和水轮机层以及警卫室等远距离的视频信号,可采用光纤传输,预先敷设副厂房、主厂房以及 GIS 室预留摄像点位线缆。

五、传输设备

传输设备包括光端机、光缆和视频电缆（控制电缆及电源电缆不在本标范围内）。视频监控图像应满足清晰度要求。

六、显示屏及拼接设备要求

（一）显示屏控制器需要采用硬件图形并行处理技术要求

（1）速度快,可并行处理,功能灵活的特点,显示屏控制系统处理核心采用芯片阵列,技术人员可根据自己的要求对其进行硬件编程。

（2）具有高速信号处理技术,保证高分辨信号输入输出的实时处理。拼接控制器采用 DDR 技术作高速数据缓存,运用流水线技术,对高速信号进行分级顺序处理,保证信号的实时性。

（3）系统输入标准分辨率达到 1 600 × 1 200,非标分辨率可以达到更高,并且保证每一帧都能够实时地处理完毕,输入与输出之间没有时间拖延。

（4）在多单元显示一路信号、一单元显示多路信号、多单元多信号漫游叠加等情况下,显示信号均无延迟。即便在所有输入信号都漫游叠加在一起的极限情况下,所有信号一样保持动态实时性。

（5）系统采用基于输入端口的信号并行处理技术,增加输入信号个数。系统通过芯片阵列,对高速图形数据流进行逐级处理,每一路信号输入对应一列处理器。可相当于很多处理器同时工作,做到数据的并行处理,提高系统运算速度。利用并行处理技术使得数据得到分散处理,无单处理器的速度瓶颈,使得系统对输入信号个数不敏感。增加信号输入个数,并不增加系统的总体运算负担,使系统能够接纳多个高速信号,有效地进行多路 VGA/RGB 信号输入。

（6）系统要采用纯硬件数据处理,无 Windows 和 Linux 操作系统,不需要硬盘、光驱和显卡等辅助设备。

（二）基于 LVDS 高速数字信号交换体系

（1）显示屏控制器采用所有输入通道并行方式进入核心处理模块,每条总线使用 4 个高速 LVDS 信号,控制器采用并行处理结构。

（2）为适应核心并行数据处理要求,控制器采用并行总线接入方式,每个通道都有独自的总线接入核心处理系统。多个通道采用并行的方式可以实时地将数据送入核心的 FPGA 处理阵列。

（3）为解决连接结构问题,采用超高速 LVDS 进行信号传输。拟使用的 LVDS 信号速度为 2.5 Gb/s,信号额定最高速度可以达到 4 Gb/s 以上。使用 LVDS 进行图像传输,4 组线即可传送超高频的显示信号。

（三）硬件控制系统

采用并行硬件系统,控制器需要用 1 个高速控制器同时控制多于 32 个其他部件,同时又要能灵活地协调各部分顺序运行。应选用高速软内核技术。

控制器使用软核和并行外围通信控制模块,能提高整个系统的信息处理性能,将复杂的并行控制简单化;用 1 个芯片实现全部控制,编程调试简单方便,易于升级。

（四）拼接系统的性能要求

1. 全硬件处理器

控制系统采用全硬件设计,系统采用多通道分离处理,所有数据并行处理;使用阵列并行处理信号,速度快,支持通道个数多;系统主控芯片与系统计算芯片分离,采用主程序串行控制;不运行 Windows/Linux 操作系统,不存在防病毒问题,不存在软件系统维护问题;数据实时处理,不需要硬盘、光驱等海量存储设备;设备支持全年 24 h 运行。

2. 基本性能参数

(1)系统结构:并行处理结构,自定义高速总线,速度 2.5 Gb/s。

(2)输出通道:实时页面存储,数量 1~16 个,内部级联后,可依据当前显示窗口数无限扩展;分辨率 640×480 到 1 600×1 200 像素,可定制特殊分辨,如 4 096×768(1×4 屏)或 1 920×1 080;支持 DVI - Ⅰ模拟数字接口。

(3)输入视频:单系统 1~16 路,内部级联后无限扩展;格式 NYSC 或 PAL 自适应;视频信号高速动态图像补偿;信号任意拉伸、压缩,可以在多屏内任意位置开窗口,信号任意跨屏漫游,叠加,图像实时性不受影响。

(4)输入 RGB:实时页面存储,分级数据预处理;单系统 1~16 路,内部级联后无限扩展;采样深度 24 bpp/32 bpp 真彩色;分辨率 640×480 到 1 600×1 200 像素,支持 DVI - Ⅰ模拟数字接口;信号任意拉伸、压缩,可以在多屏内任意位置开窗口,信号任意跨屏漫游,图像实时性不受影响。

(5)系统支持:不需要系统支持。

(6)软件支持:远程控制软件可实现。

(7)控制方式:RS232 串口、面板按键、红外遥控、100/1 000 Mb/s 网络(TCP/IP 协议)。

(8)显示状态(不仅是以下 3 种方式):

多个图像在 1 个单元或多个单元上实现图像分割功能;

多个图像在 1 个单元或多个单元上实现图像叠加功能;

多个图像实现图像叠加、缩放功能。

第四节　设备技术指标

一、视频切换主机、硬盘录像机及软件

监控设备应是工业级设备,系统软件满足功能要求,同时应满足以下要求:

(1)视频输入:输入 128 路,输出 16 路。

(2)镜头控制:可达到 128 路。

(3)视频制式:PAL/NTSC。

(4)显示速度:每路可调,最大 25 帧/s。

(5)录像速度及路数:速度每路可调,最大 25 帧/s,录像路数 1~35 路可调。

(6)录像时间:128 路监控点同时录,不低于 30 d。

(7)远程监控接口:10 M/100 M/1 000 M Ethernet。

(8)远程监控传输协议:TCP/IP/UDP/RTP。

(9)远程监控速率:取决于网络带宽,不低于 20 帧/s,最大 25 帧/s。

(10)最大分辨率:单路 768×576,多路 352×288。

(11)图像压缩:MPEG1、MPEG4、MJPEG 等。

(12)显示方式:单画面/多画面。

(13)查询方式:日期/时间/通道。

(14)回放方式:单路/多路,快进/快退/帧播,满屏回放,局部多级放大。

(15)文件备份:文件可备份至光盘、活动硬盘、数码磁带等。

(16)录像方式:报警联动录像/手动录像/定时录像。

(17)多任务方式:可在录像的同时进行监视、回放、备份及远程传输。

(18)密码操作:系统设置及功能操作均需密码验证。

(19)工作日志:记录所有操作及报警联动信息。

(20)捕捉和打印:捕捉的任一单帧图像均可打印。

(21)磁盘管理:自动换区、自动覆盖。

(22)1 个内置 DVD 光盘刻录器。

(23)配置网卡,需要 1 个键盘,带鼠标。

二、摄像机(参数仅供参考)

(一)彩色半球摄像机

成像器件	1/3″SONY Super HAD CCD
像素	PAL:512H×582V;NTSC:512H×492V
感光面积	4.9 mm×3.7 mm
信号系统	PAL/NTSC
水平清晰度	420 TVL
镜头	6 mm
自动增益控制	AGC ON(低)/OFF(高)可切换
背光补偿	BLC 开启/关闭可切换
电子快门	1/50(1/60)~1/100 000(s)
曝光模式	电子曝光
白平衡	自动跟踪
信噪比	≥50 dB
最低照度	0 lx
视频输出	1.0 Vp-p/75 Ω
工作温度	-10~50 ℃

(二)彩色半球防爆摄像机

成像器件	1/3″SONY Super HAD CCD
像素	PAL:512H×582V;NTSC:512H×492V
感光面积	4.9 mm×3.7 mm
半球球罩	高强度防爆护罩
信号系统	PAL/NTSC

水平清晰度	420 TVL
镜头	6 mm
自动增益控制	AGC ON(低)/OFF(高)可切换
背光补偿	BLC 开启/关闭可切换
电子快门	1/50(1/60)~1/100 000(s)
曝光模式	电子曝光
白平衡	自动跟踪
信噪比	≥50 dB
最低照度	0 lx
视频输出	1.0 Vp-p/75 Ω
工作温度	-10~50 ℃

(三)彩色带云台枪式摄像机

成像器件	1/4-inch Sony CCD image sensor
像素	768(H)×582(V)
信号制式	NTSC/PAL
水平解晰度	480 线
最低照度	0 lx/F1.2(IR ON)
镜头	电动聚焦 22×3.6-79.2 mm
背光补偿	自动
电子快门	1/50(1/60)~1/100 000 s
白平衡	自动
信噪比	>48 dB
伽玛校正	>0.45
工作温度	-20~50 ℃
同步方式	Internal/内同步
视频输出幅度	≤1.0 Vp-p/75 Ω
电源	DC12 V,800 mA(IR ON)
红外线波长	850 nm
可视距离	满足安装表中距离要求
防水等级	IP67

(四)彩转黑带云台后配镜头枪式摄像机

CCD 成像器件	1/3″ SONY CCD
像素	PAL:582 水平×512 垂直
NTSC	512 水平×492 垂直
感光面积	4.9 mm×3.7 mm
信号系统	PAL;NTSC 彩色制式
水平清晰度	550 线

镜头接口	C/CS 可选
自动增益控制	开启/关闭可选
背光补尝	开启/关闭可选
曝光模式	电子曝光/自动
伽马校正	0.45
同步方式	内同步
电子快门	1/50(1/60)~1/100 000(s)
自动光圈驱动	VIDEO/DC 可选
白平衡	自动跟踪白平衡
信噪比	≥48 dB
最低照度	F1.2;0.01 Lux
视频输出	1.0 Vp-p,75 Ω,BNC
工作电压	DC12 V(1±5%)
工作温度	-10~50 ℃

(五)镜头

根据项目实际需求,进行配置电动变焦镜头。

(六)云台(室内、室外)

水平角度	0~355°
垂直角度	±90°
旋转速度	水平:15°/s
	垂直:10°/s
负载	18 kg
保护等级	IP66

(七)多媒体监控主机

处理器	具有足够运算能力的工业级双处理器
主频	2.0 GHz
内存	不少于2 GB
硬盘	不少于300 GB
光驱	DVD-RW
硬盘/阵列控制器	双通道集成式 Ultra3 控制器
网络接口	10/100/1 000 MB 网卡
远程监控支持	4 个以上监控中心同时监控16点以上的前端监控点
监控视频备份	DVD/30 d(抽帧)或以上

(八)防雷电浪涌抑制器(选用知名产品)

1. 视频防雷器指标

冲击通流容量	≥5 kA(8/20 μs)
通频带	≥350 MHz

电压保护级别	≤10 V(10/700 μs)
响应时间	≤1 ns

2. 控制信号防雷器

外壳含有 PBT 材料,具有耐高温、耐潮湿、阻燃和高强度特性

通频带	≥130 MHz
冲击流通容量	≥20 kA(8/20 μs)
限制电压	≤3 Un
插入损耗	≤0.5 dB
响应时间	≤1 ns

(九)50 in DLP 显示单元技术参数

单元尺寸	50 in
显示器件	0.7 in,12 角度 DDR 单片 DDMTM 芯片
显示方式	DLPTM 背投方式
屏幕	DNP 光学屏幕,具宽视角、高亮度、高均匀性、高刚性、低变形、可变焦距
屏幕尺寸	1 000 mm×750 mm
色彩	真彩 16.7 MB 色
分辨率	XGA(1 024×768)
亮度	750~1 000 ANSI 流明
对比度	>1 300:1
拼缝	<1.0 mm
RGB 通道数	2 路 D—sub15 p;1 路 DVI
RGB 支持格式	VGA、SVGA、XGA、SXGA
内部控制链	RS232、D—sub9 p、9 600 BPS×2(1 进 1 出)
内部数字链	TMDS、DVI—D24×2(1 进 1 出)
内置多屏拼接功能	$n×m$(其中 n、$m=1$、6)
光源	UHP120 W
灯泡寿命	≥8 000 h
操作温度	0~24 ℃
相对湿度	20~85%
额定功率	200 W

(十)21 in 监视器技术参数

显示器件	21 in 液晶显示屏(桌面放置)
亮度(平均)	300 cd/m²
对比度	700:1
分辨率	1 680×1 050@ 60 Hz
制式	PAL

视频复合	2 路输入 1.0 Vp－p,75 端接,环路输出
视频 S－VEDIO	1 路输入(Y/C)/1 路输出(Y/C)
视频 VGA	1 路输入(Y/C)
可视角度	(左/右/上/下)75/75/75/60
响应时间	5 ms
功耗	最大 36 W

第十一章 SDH 光通信系统

第一节 概 述

由于光纤的发展,光纤系统也渐渐发展起来。近几年,随着网络中数据业务分量的持续加重,SDH 多业务平台正逐渐从简单地支持数据业务的固定封装和透传的方式向更加灵活有效支持数据业务的下一代 SDH 系统演进和发展。最新的发展是支持集成通用组帧程序(GFP)、链路容量调节方案(LCAS)和自动交换光网络(ASON)标准。由于在城域网领域正面临光以太网的竞争压力,迫使 MSTP 在降低设备成本和提高业务提供灵活性上继续改进。重要的趋势之一是结合 MPLS,使 MSTP 和 MPLS 能互相依托共同向网络边缘扩展,从而可以充分利用 MPLS 灵活跨域、支持数据联网的一系列优点。

在目前水利水电工程中,水电站电力接入系统通信和接入站外其他信息点之间通信大多采用 SDH 光通信系统传输。

某水电站电力接入系统通信如下。

第二节 STM-1/4 光端机设备

一、供电电源

SDH 光通信设备应具备 2 路(主备用)电源接入的能力。

各种设备对电源的要求,给出各站各种设备的单板功耗和单站设备总功耗。

机架对各模块的供电方式是集中供电还是分散供电。

二、设备机械结构

(1)光通信设备的机架符合屏柜制造标准。应给出机架及模块布置图。

(2)所有的部件均应安装在机架内,机架的顶部和底部均有供固定用的构件,应提供设备的机械结构图(缆线连接图、测试端子及指示信号仪表的布置)。

(3)各种插板、模块应是嵌入式竖向插入布置的,不装设备的架层应提供装饰性盖板,各插板应能带电插拔,并不影响其他已建立的业务。

三、设备保护及人身安全

（1）每一个供电单元必须由一个切断电路部件给予足够的保护，当发生故障时，断路器给出一个可见的指示，设备对瞬时过电压应有保护措施，应说明所供设备的保护措施。

（2）设备本身应有接地端子，应说明所供设备的接地要求。

（3）应说明设备保护及人身安全的措施。

四、设备的表面处理

设备应有良好的表面处理以长期抗腐蚀、防生锈。表面处理层应牢固，易锈、易氧化的部件应进行特殊表面处理。

应供给相当数量的原先使用过的漆，以便安装完毕时现场补漆之用。

五、设备的使用寿命和 MTBF

（1）应供设备及单元的 MTBF 值及计算方法。

（2）设备的使用寿命应不少于 15 年。

六、设备的维护管理

设备应满足无人值守的要求，设备提供告警输入、输出接口的数量和接线方法。

第三节　系统技术特性

一、假想参考连接

SDH 网络全程端到端的假设参考通道 HRP 长度为 27 500 km，我国国内标准最长 HRP 为 6 900 km，其中核心网最长 HRP 为 6 800 km。对于 SDH 数字段，假设参考数字段（HRDS）长度分别为 420、280、50 km，本工程项目中采用 420 km HRDS（参照 YD/T 5095—2000）。

二、误码性能指标

420 km 假设参考数字段的误码性能（长期系统指标）应不劣于表 11-1 的指标（测试时间不少于 1 个月）。

表 11-1   420 km HRDS 误码性能指标(长期系统指标)

速率(kb/s)	2 048	139 264/155 520	622 080	2 488 320
ESR	2.02×10^{-5}	8.06×10^{-5}	*	*
SESR	1.01×10^{-6}	1.01×10^{-6}	1.01×10^{-6}	1.01×10^{-6}
BBER	1.01×10^{-7}	1.01×10^{-7}	5.04×10^{-8}	5.04×10^{-8}

注: *值由设备方提供。

实际数字段的误码性能指标为将实际数字段长度与 420 km 按比例进行折算和测试。

6 800 km 数字通道的误码性能(长期系统指标)应不超过表 11-2 的指标(测试时间不少于 1 个月)。

表 11-2   6 800 km 数字通道误码指标

速率(kb/s)	2 048	139 264/155 520	622 080	2 488 320
ESR	1.63×10^{-3}	6.53×10^{-3}	*	*
SESR	8.16×10^{-5}	8.16×10^{-5}	8.16×10^{-5}	8.16×10^{-5}
BBER	8.16×10^{-6}	8.16×10^{-6}	4.08×10^{-6}	4.08×10^{-6}

注: *值由设备方提供。

三、系统可用性

(一)可用性定义

1. 不可用时间

系统任一传输方向的数字信号连续 10 s 期间内每秒的误码率均劣于 1×10^{-5} 时,从这 10 s 的第 1 s 起认为进入了不可用时间。

2. 可用时间

当数字信号连续 10 s 期间内每秒的误码率均优于 1×10^{-5} 时,从这 10 s 期间的第 1 s 起就进入可用时间。

3. 可用性

可用时间占全部时间的百分比称为可用性。

(二)可用性目标

假设参考数字段的可用性目标如表 11-3 所示。

表 11-3   可用性目标

HRDS(km)	可用性(%)	不可用性(%)	不可用时间(min/a)
420	99.98	0.023	120

(三)不可用时间的分配

SDH 传输系统的不可用时间的分配见表 11-4。

表 11-4   不可用时间的分配表

设备		不可用时间比例（%）
光缆线路部分（含光缆活动连接器和跳线）		75
终端/再生器	硬件	12.5
	软件	12.5

（四）SDH 抖动指标要求

1. SDH 网络接口所容许的最大输出抖动

SDH 网络接口的最大容许输出抖动不应超过表 11-5 中所规定的数值。滤波器频响按 20 dB/10 倍频程滚降，低频部分按 60 dB/10 倍频程滚降，测量时间为 60 s。括号中数值为数字段要求。

表 11-5   SDH 网络接口最大允许的输出抖动

参数值 STM 等级	速率 （kb/s）	网络接口限值		测量滤波器参数		
		$B_1(f_1-f_4)$ （Uipp）	$B_2(f_3-f_4)$ （Uipp）	f_1 （Hz）	f_3 （kHz）	f_4 （MHz）
STM－1（电）	155 520	1.5（0.75）	0.075（0.075）	500	65	1.3
STM－1（光）	155 520	1.5（0.75）	0.15（0.15）	500	65	1.3
STM－4（光）	622 080	1.5（0.75）	0.15（0.15）	1 000	250	5
STM－16（光）	2 488 320	1.5（0.75）	0.15（0.15）	5 000	1 000	20

2. SDH 光缆线路系统输入口的抖动和漂移容限

SDH 光缆线路系统输入口的抖动和漂移容限即 SDH 设备输入口的抖动和漂移容限。STM－N 接口的输入抖动容限应能至少容忍图 11-1 模板所施加的输入抖动和漂移，模板的各项参数如表 11-6 所示。

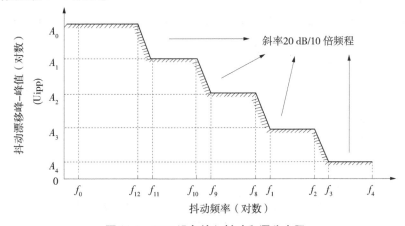

图 11-1　SDH 设备输入抖动和漂移容限

表 11-6　　　　　　　　　　　SDH 设备输入抖动和漂移容限的参数

STM 等级	抖动幅度（Uipp）				
	A_0 （18 μs）	A_1 （2 μs）	A_2 （0.25 μs）	A_3	A_4
STM – 1（电）	2 800	311	39	1.5	0.15
STM – 1（光）	2 800	311	39	1.5	0.15
STM – 4（光）	11 200	1 244	156	1.5	0.15
STM – 16（光）	44 790	4 977	622	1.5	0.15

STM 等级	频率（Hz）									
	f_0 （Hz）	f_{12} （Hz）	f_{11} （Hz）	f_{10} （Hz）	f_9 （Hz）	f_8 （Hz）	f_1 （Hz）	f_2 （kHz）	f_3 （kHz）	f_4 （MHz）
STM – 1（电）	1.2×10^{-5}	1.78×10^{-4}	1.6×10^{-3}	1.56×10^{-2}	0.125	19.3	500	6.5	65	1.3
STM – 1（光）	1.2×10^{-5}	1.78×10^{-4}	1.6×10^{-3}	1.56×10^{-2}	0.125	19.3	500	6.5	65	1.3
STM – 4（光）	1.2×10^{-5}	1.78×10^{-4}	1.6×10^{-3}	1.56×10^{-2}	0.125	9.65	1 000	25	250	5
STM – 16（光）	1.2×10^{-5}	1.78×10^{-4}	1.6×10^{-3}	1.56×10^{-2}	0.125	12.1	5 000	100	1 000	20

3. PDH 网络接口最大允许输出抖动

PDH 网络接口最大允许输出抖动应不超过表 11-7 中所规定的数值。滤波器频响按 20 dB/10 倍频程滚降。

表 11-7　　　　　　　　　　　PDH 网络接口的最大允许输出抖动

速率（kb/s）	网络接口限值		测量滤波器参数		
	$B_1(f_1 \sim f_4)$ （Uipp）	$B_2(f_3 \sim f_4)$ （Uipp）	f_1（Hz）	f_3（kHz）	f_4（kHz）
2 048	1.5	0.2	20	18	100
34 368	1.5	0.15	100	10	800
139 264	1.5	0.075	200	10	3 500

4. SDH 设备 PDH 支路输入口抖动和漂移容限

SDH 设备 PDH 支路输入口的正弦调制抖动容限和漂移容限应符合图 11-2 模板及表 11-8 中规定容限。

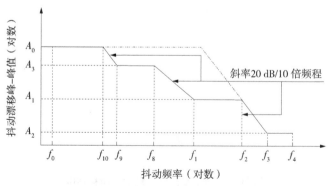

图 11-2　PDH 支路输入口抖动和漂移容限

表 11-8		PDH 设备输入口抖动和漂移容限参数			
速率	抖动幅度（Uipp）				
（kb/s）	A_0	A_1		A_2	A_3
2 048	36.9(18 μs)	1.5		0.2	18

速率	频率（Hz）								伪随机
（kb/s）	f_0	f_{10}	f_9	f_8	f_1	f_2	f_3	f_4	测试信号
2 048	1.2×10^{-5}	4.88×10^{-3}	0.01	1.667	20	2.4×10^3	1.8×10^4	1×10^5	2E15 – 1

注：2 048 kb/s 速率下 f_8、f_9 和 f_{10} 的数值指不携带同步信号的 2 048 kb/s 接口特性。

5. 传输链路的最大允许漂移

系统的漂移性能应满足我国《光同步传输网技术体制》最新版本的要求：

（1）系统作为网同步定时基准传输链路的最大允许漂移量不超过 6 μs。

（2）系统作为节点间信息传输链路的最大允许漂移量不超过 4 μs。

（3）在节点输入处，信息信号和定时信号的最大相对相位偏移不超过 18 μs。

（五）比特率和帧结构

（1）比特率：STM – 16 的比特率 2 488 320 kb/s，STM – 4 的比特率是 622 080 kb/s，STM – 1 的比特率是 155 520 kb/s。

（2）STM – 16，STM – 4，STM – 1 信号的帧结构应符合 ITU – T 建议 G. 707。

（3）应列表说明所供设备各开销字节（SOH 和 POH）的应用情况，如 J，D，K，S 等字节，并说明哪些字节可以通过网管系统进行修改或再编号。

（4）对于今后 ITU – T 新建议的开销字节应用的设备，应能用软件修改和升级的方法来实现。

（5）开销通路接入：所供设备应能提供开销（SOH 和 POH）的外部和内部接入能力，并能在不中断业务的情况下提供所需开销通路应用。

（6）复用结构：

①复用结构应符合图 11-3 的要求。

②2 048 kb/s 支路信号采用异步映射方式。

③各种 TU 的时隙安排和各支路的编号应符合表 11-9。

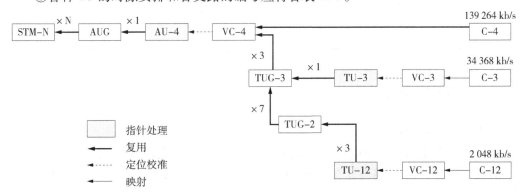

图 11-3　SDH 复用结构

表 11-9 各种 TU 的时隙

TU－3	TU－12	TS#	Trib#	TU－3	TU－12	TS#	Trib#	TU－3	TU－12	TS#	Trib#
100	111	1	1	200	211	2	22	300	311	3	43
	112	22	2		212	23	23		312	24	44
	113	43	3		213	44	24		313	45	45
	121	4	4		221	5	25		321	6	46
	122	25	5		222	26	26		322	27	47
	123	46	6		223	47	27		323	48	48
	131	7	7		231	8	28		331	9	49
	132	28	8		232	29	29		332	30	50
	133	49	9		233	50	30		333	51	51
	141	10	10		241	11	31		341	12	52
	142	31	11		242	32	32		342	33	53
	143	52	12		243	53	33		343	54	54
	151	13	13		251	14	34		351	15	55
	152	34	14		252	35	35		352	36	56
	153	55	15		253	56	36		353	57	57
	161	16	16		261	17	37		361	18	58
	162	37	17		262	38	38		362	39	59
	163	58	18		263	59	39		363	60	60
	171	19	19		271	20	40		371	21	61
	172	40	20		272	41	41		372	42	62
	173	61	21		273	62	42		374	63	63

注：TUG－3#，TUG－2#，TUG－1# = #k，#L，#M。

(六)通路要求

项目中通信业务有调度自动化、视频监控信号、电力调度电话、数据信息、电力生产管理电话、视频会议、线路保护和安全装置信号等。

四、ADM/REG 设备技术指标及要求

ADM 设备应符合 ITU－T 建议 G.782，G.783，G.784，G.707，G.957，G.958，G.703，G.825，G.826，G.813。

(一)分插复用设备(ADM)

(1)该设备可提供无需分接和终结 STM－4 信号而直接接入 STM－4 信号内的任何 STM－1 支路信号的能力。

(2)该设备群路侧至少应有 4 个及以上方向的 STM－4 光接口(每个方向满足 1＋1 线路保护方式)，同时支路侧具有 STM－1 光接口，10 M/100 M 以太网接口和 STM－1、2M 电接口。

(3)该设备应有高阶 VC 交叉连接能力，即 HPC 功能。无阻塞交叉连接容量应不少

于 7 GB。交叉连接方向应不少于群路到支路,支路到群路,群路到群路,支路到支路。连接类型为单向、双向和广播式。该设备应有低阶 VC 交叉连接能力,即 LPC 功能。低阶交叉连接容量应不少于 2.5 GB。

（4）该设备应提供配置成终端复用设备的能力,当线路侧仅有一个方向的光接口工作时,支路侧应能将 STM－4 信号内的全部支路以 STM－4、STM－1 和/或 2 Mb/s、FE 信号终结。

（5）支路接口在支路侧应能进行任意配置,在增加和改变支路口时不应对其他支路的业务产生任何影响。

（6）该设备支路接口在支路侧应具有与其他公司传输设备光口对接的能力。

（7）该设备应具备在线平滑升级到 2.5 GB 的能力,单子架最大上下 2 MB 的能力应不小于 252 个 2 MB。应详细描述升级方式和配置方法。

（二）中继器（REG）

（1）中继器的功能要求和性能规范应符合 ITU－T 建议 G.958。

（2）应说明中继器的类型。

（3）光中继器的配置应包含如下设施:①能对输入的 STM－4 光信号进行处理,再生出 STM－4 光信号输出的电路设施,能根据需要随时升级为业务站,同时不影响业务。②具备两个光线路端口,用于东西两个方向,每一端口应包含光接收部分和光发送部分。③该设备应具备在线平滑升级到 2.5 GB 的能力,应详细描述升级方式。

具备连接 SDH 网络管理系统的 CORBA/Q 接口、连接维护终端的 F 接口和使用者接口 F1。

（三）光放大器的技术特性及参数

应说明光放大器的产地、品牌。若采用外置光放大器,则其必须是可监控管理的,应说明外置光放大器的监控方式。

（四）性能要求

1. SDH 设备的抖动和漂移规范

1）STM－N 接口

在输入无抖动的情况下,以 60 s 时间间隔观察 STM－N 输出接口的固有抖动,其值应不大于表 11-10 所示的范围。

表 11-10　　　　　　　　　　STM－N 输出抖动

接口	测量滤波器精度（MHz）	峰－峰值（Uipp）
STM－1	$5 \times 10^{-4} \sim 1.3$	0.50
	$6.5 \times 10^{-2} \sim 1.3$	0.10
STM－4	$1 \times 10^{-3} \sim 5$	0.50
	$0.5 \sim 5$	0.10
STM－16	$5 \times 10^{-3} \sim 20$	0.50
	$1 \sim 20$	0.10

注:STM－1:1 Uipp = 6.43 ns;STM－4:1 Uipp = 1.61 ns;STM－16:1 Uipp = 0.4 ns。

2）PDH 支路接口

（1）输入抖动和漂移容限。2 048 kb/s 系列信号的输入抖动和漂移容限应满足表 11-8 的规定。

（2）抖动和漂移的产生。

来自支路映射的抖动和漂移：

来自 2 048 kb/s 且没有输入抖动和指针调整时，应不超过 0.35 Uipp 值，测量方法按 G.785 建议，来自 140 Mb/s 且没有输入抖动和指针调整时的支路映射抖动和漂移由设备厂商提供。

来自指针调整的抖动和漂移指标由设备厂商提供。

来自支路映射和指针调整的结合抖动和漂移：

在提供通道的所有网络单元保持在同步状态下，支路映射和指针调整的结合抖动和漂移应满足表 11-11 和图 11-4 的要求。

表 11-11　　　　　　　　　　映射抖动和结合抖动规范表

G.703 接口 (kb/s)	比特率容限 (ppm)	滤波器特性			最大峰－峰抖动			
		f_1(Hz)	f_2(kHz)	f_3(kHz)	映射抖动(Uipp)		结合抖动(Uipp)	
		高通	高通	低通	$f_1 \sim f_4$	$f_3 \sim f_4$	$f_1 \sim f_4$	$f_3 \sim f_4$
2 048	±50	20	18	100	*	0.075	0.4	0.075

注：* 由设备方提供具体值。

0.4 Uipp 限值对应于图 11-4 中（a），（b），（c）所示指针测试序列；0.075 Uipp 限值对应于图 11-4 中（a），（b），（c），（d）所示指针序列。$T_2 > 0.75$ s，$T_3 = 2$ ms。

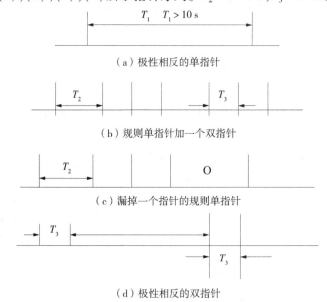

（a）极性相反的单指针

（b）规则单指针加一个双指针

（c）漏掉一个指针的规则单指针

（d）极性相反的双指针

图 11-4　指针测试序列

0.4 Uipp 限值对应于图 11-4 中(a),(b),(c)所示指针测试序列;0.75 Uipp 限值对应于图中(d)所示的指针测试序列;0.075 Uipp 限值对应于图 11-4(a),(b),(c),(d)所示的指针测试序列。T_2、T_3 数值待定(目前暂用 $T_2 = 34$ ms,$T_3 = 0.5$ ms),假设相反极性的指针调整在时间上很好地扩散,即调整周期大于解同步器的时间常数。

（3）SDH 中继器的抖动传递函数。SDH 中继器的抖动传递函数应该在图 11-5 中所示曲线的下方,参数值如表 11-12 所示。

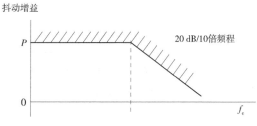

图 11-5　SDH 中继器抖动传递特性

表 11-12　抖动传递特性参数值

STM 等级	F_c(kHz)	P(dB)
STM – 1(A)	130	0.1
STM – 1(B)	30	0.1
STM – 4(A)	500	0.1
STM – 4(B)	30	0.1
STM – 16(A)	2 000	0.1
STM – 16(B)	30	0.1

2. 设备的误码性能

单个设备在规定条件范围内工作时,自环连续测试 24 h 应无误码。

3. 关键参数检验准则

信号丢失(LOS)、帧丢失(LOF)、指针丢失(LOP)及帧失步(OOF)状态的检测准则。

（五）设备的告警功能

（1）设备的告警功能至少应符合 ITU – T 建议 G.782、G.783、G.784 的要求。

（2）设备应至少具有 6 个外部告警接入点。应说明外部告警接口的电气性能。

（六）同步时钟要求

1. 分插复用设备 ADM 时钟的定时要求

分插复用设备 ADM 时钟的定时要求应不劣于 ITU – T 建议 G.813 的要求。

1)频率准确度

SDH 设备时钟自由振荡时的输出频率准确度应优于 4.6 ppm(测试时间不少于 1 个月),应说明产品自由振荡时输出频率的准确度。

2)保持工作方式

SDH 设备时钟应具有保持工作方式,其性能应符合 ITU – T G.813 建议的要求。

3)时钟带宽

SDH 设备时钟带宽应处于 1 ~ 10 Hz。

4)频率牵引和失步范围

最小频率牵引范围和失步范围均为 ± 4.6 ppm。

2. 同步时钟来源和时钟输出

SDH 设备的定时基准可以从 3 种类型的输入中获得:

（1）2 048 kb/s 和 2 048 kHz 外同步时钟输入。

（2）从 STM - N 信号中恢复定时，并根据 NE 的配置情况，采用"线路定时"或"环路定时"的同步工作方式。

（3）2 048 kb/s 成帧信号。2 048 kb/s 的帧结构和同步状态信息（SSM）格式应符合最新版的 ITU - T G.704。SDH ADM 设备应至少分别提供 2 个 2 048 kb/s 同步时钟输入、1个 2 048 kb/s 输出接口，各接口特性应符合 ITU - T 建议 G.703。SDH 设备的外同步输入口用于设备内部时钟接收外同步信号，其外同步输出口供出的同步信号应是不经过设备内部时钟而直接从 STM - N 线路码导出。

3. 中继器的定时要求

正常工作时，中继器可以从接收的信号中恢复定时，并同步输出信号。当上游方向发生故障，中继器发送再生段告警（RS - AIS）时，其内部振荡器为输出 STM - N 信号提供定时。内部振荡器在自由运行方式下的长期频率稳定度不得超过 ±20 ppm。

4. SDH 定时基准的转换

当 SDH 网络单元所选定的定时基准丢失后，SDH 设备应能自动地转换到另一定时基准输入。判断转换的准则采用基准设备失效准则，即定时基准接口信号丢失或定时接口出现 AIS 后直至 10 s 内。SDH 设备应具备定时基准的自动恢复能力或手动恢复能力。在有效定时的情况下，自动恢复应在 10～20 s 范围内切回。应说明定时基准转换的切换时间和时钟切换对所传业务的影响。

（七）保护倒换功能要求

SDH 传输系统应具备 MSP、SNCP、DNI 及承载业务的相关硬件的保护功能。

1. 线路保护方式

光缆线路系统具备保护倒换功能，对链路型能提供 1 + 1 线路保护及复用段保护方式。1 + 1 线路保护方式的保护系统和工作系统在发送端两路信号是永久相连的，接收端则对收到的两路信号择优选取。

保护倒换的工作方式有双向倒换、单向倒换及恢复方式和非恢复方式。

2. 保护倒换准则

光缆线路系统的保护倒换准则为出现下列情况之一即倒换：

（1）信号丢失（LOS）；

（2）帧丢失（LOF）；

（3）告警指示信号（AIS）；

（4）超过门限的误码缺陷；

（5）指针丢失（LOP）。

3. 保护倒换时间

保护倒换的检测时间如表 11-13 所示。一旦检测到符合开始倒换的条件后，保护倒换应在 50 ms 内完成。完成倒换动作后应向同步设备管理功能报告倒换事件。

在恢复方式下，当失效工作系统已经从故障状态恢复时，必须至少等待 5～12 min 才能重新使用。

应提供准确的倒换时间和检测时间。

表 11-13	检测时间
比特差错率（BER）	检测时间（s）
$\geqslant 10^{-3}$	0.01
$\geqslant 10^{-4}$	0.1
$\geqslant 10^{-5}$	1
$\geqslant 10^{-6}$	10

五、MSTP（多业务传输平台）功能特性要求

规范所描述的光传输设备应满足 MSTP 设备的特性要求。MSTP 是基于 SDH 的多业务传输节点,应详细阐述其产品的多业务接入、处理、交换、封装、映射和传输功能与保护机制,以及能否提供统一网管的多业务节点。

（一）MSTP 基本功能要求

（1）帧结构、VC 映射应满足 ITU–T G.707 中的要求。

（2）提供低阶通道 VC–12、VC–3 级别的虚级联或相邻级联功能,并提供级联条件下的 VC 通道的交叉连接能力。

（3）提供高阶通道 VC–4 级别的相邻级联或虚级联功能,并提供级联条件下的 VC 通道的交叉连接能力。

（4）提供相邻级联和虚级联转换及 LCAS 功能。

（二）支持以太网业务功能要求

1. 支持以太网透传功能

以太网业务透传功能指以太网接口的数据帧不经过二层交换,直接进行协议封装和速率适配后,映射到 SDH 的虚容器 VC 中,然后通过 SDH 节点进行传输。功能如图 11-6 所示。

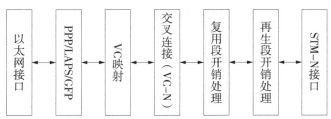

图 11-6　以太网业务透传功能基本模型

应说明设备以太网业务透传能力,并详细说明以下问题:

（1）MSTP 节点设备采用何种协议封装以太网 MAC 帧,封装过程。

（2）如何保证以太网 MAC 帧,VLAN 标记透明传送。

（3）以太网数据包经封装后映射到 VC 中的实现过程。

（4）采用 VC 通道的相邻级联映射和虚级联映射中哪一种映射方式来保证数据帧在

传输过程中的完整性;对 2 种映射方式分别说明并进行比较。

(5)是否进行了协议的扩展,实现了哪些设备厂商自定义的功能。

2. 以太网二层交换功能

MSTP 支持以太网二层交换功能是指在 1 个或多个用户侧以太网物理接口与 1 个或多个独立的系统侧的 VC 通道之间,实现基于以太网链路层的数据包交换,功能块如图 11-7 所示。

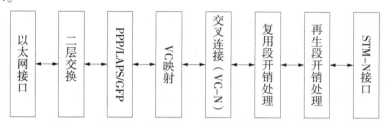

图 11-7　以太网二层交换功能基本模型

应说明 MSTP 设备所具备的以太网二层交换功能,并详细说明各种功能的实现过程,包括:

(1)MSTP 节点设备采用何种协议封装以太网 MAC 帧。

(2)以太网 MAC 帧、VLAN 标记透明传送。

(3)采用 VC 通道的相邻级联和虚级联映射中哪一种映射方式来保证数据帧在传输过程中的完整性;对 2 种映射方式分别作说明。

(4)以太网端口流量控制。

(5)转发/过滤以太网帧。

还应当列出设备所支持的其他功能,并详细说明实现过程。

3. 以太网接口映射到 SDH 虚容器的要求

对于 MSTP 设备,以太网接口映射到 SDH 虚容器应符合表 11-14 所示要求,应说明其设备以太网接口映射到 SDH 虚容器所采用的映射方式。

表 11-14　　　　　　　　以太网映射到 SDH 虚容器对应关系

以太网接口带宽	SDH 映射单位
10/100 Mb/s 自适应接口	VC－12－Xc/v
	VC－3
	VC－3－2c/v
	VC－4
1 000 Mb/s 接口 其他宽带网络接口	VC－4－Xc/v
	VC－4－Xc

设备应具有将 FE 接口映射到 VC－12－Xc/v($X = 1 \sim 48$)、VC－3、VC－3－2c/v 虚容器中和将 GE 接口映射到 VC－4－Xc/v($X = 4$、$16 \cdots$)虚容器中的功能。

4. 提供二层交换功能的多业务传输节点的其他功能

根据设备情况,详细说明设备是否支持以下功能:

（1）是否支持业务分类（CoS）。

（2）是否支持超长帧,说明所支持超长帧的最大长度。

（3）说明以太网各种二层交换模块能力,说明其工作原理和实现方法。提供交换模块和系统侧的通信能力。

（4）设备所支持的其他功能及工作原理。

5. 物理接口

（1）需对以下接口的满足程度和接口数量作详细说明:

接口速率:FE;

介质类型:多模光纤、非屏蔽双绞线;

接口类型:双绞线 RJ45、光纤 SC、MTRJ 或 ST 型;

其他串行接口。

（2）应就以下技术参数提出具体数值:

各端口的有效数据速率;

以太网板的总上行带宽;

各端口对全双工、半双工的支持能力;

最多支持的 VLAN 数目;

以太网板的端口容量;

包交换的最小粒度。

六、系统接口及再生段距离计算

（一）光接口参数

（1）光接口位置如图 11-8 所示。

图 11-8　光接口位置

图中 S 点是刚好在发信机（TX）光活动连接器（C_{TX}）之后光纤上的参考点。R 点是刚好在收信机（RX）光活动连接器（C_{RX}）之前光纤上的参考点。

（2）光接口的线路码型为加扰 NRZ 码,应符合 ITU – T 建议 G. 707。

（3）各级光接口的参数范围应不劣于 ITU – T 建议 G. 957 的要求。

（4）填写设备的所有光卡的光接口性能技术参数表,所给出的值都应是最坏值,即在系统设计寿命终了,并处于所允许的最坏工作条件下仍能满足的数值。

（5）衰减限制的再生段距离计算。

再生段距离计算采用 ITU – T 建议 G. 957 的最坏值计算法,应根据所供设备的性能,按下式计算:

$$L = (P_S - P_R - P_p - C - M_c)/(a_f + a_s)$$

式中　L——再生段距离;

　　　P_S——S 点寿命终了时的最小平均发送功率;

　　　P_R——R 点寿命终了时的最差灵敏度($BER \leqslant 10^{-12}$);

　　　P_p——光通道代价,2. 5 Gb/s 按 2 dB 计算,622 Mb/s 按 1 dB 计算;

　　　C——所有活动连接器衰减之和,每个连接器衰减取 0. 5 dB;

　　　M_c——光缆富裕度,取 3 dB($L < 75$ km),4 dB($L = 75 \sim 125$ km),5 dB($L > 125$ km);

　　　a_f——光纤衰减系数,取 0. 21 dB/km;

　　　a_s——光纤熔接接头每千米衰减系数,取 0. 02 dB/km。

（6）色度色散限制的再生段距离计算。

应根据所供设备的光接口性能,给出 2. 5 Gb/s 速率下色散限制的再生段距离计算的公式和实例。

对于光传输设备的最大色散值不满足通道总色散值时,应提供色散补偿的解决方案。

（7）应根据所供设备的发送机,提供其激光器性能,要求:使用寿命不小于 30 万 h。

（8）光发送器应具有激光器寿命预告警功能,应说明激光器寿命预告警的工作原理。

（二）电接口参数

2 048 kb/s 和 STM – 1 的电接口参数应符合 ITU – T 建议 G. 703 中的各项要求。2 048 kb/s 电接口应具有 75 Ω不平衡和 120 Ω平衡 2 种阻抗供选择。

（三）公务通道

每个系统使用 RSOH 的 E1 字节提供一条中继段公务联络信道,供中继器间或中继器与终端间通话。使用 MSOH 的 E2 字节提供一条终端间通话的复用段公务联络通道。

终端设备应有中继段公务联络、复用段公务联络和使用者通道 3 个接口。

（四）开销通道接口

开销(辅助)通道接口应不少于 2 种,每种不少于 2 路。应对设备的辅助通道接口的规格特性进行详细描述。

（五）管理接口

SDH 光缆线路系统至少在每一端提供符合 ITU – T 建议 M. 3010 及 G. 773 要求的 Q 接口,以便与 TMN 相连。

SDH 光缆线路系统与站内网络单元系统之间的 Q 接口,采用 ITU – T 建议 Q. 811 和 Q. 812 规定的 CLNS1 无连接模式协议栈,与远端网络单元管理系统之间的 Q 接口,采用 CLNS2 无连接模式协议栈。这 2 种协议栈的规定如图 11-9 所示。网络单元管理系统与上级网络管理系统的接口采用 CORBA 接口或 Q 接口。

	CLNS1		CLNS2	
7层 应用层	CMISE ISO9595 ISO9596	ACSE X. 217 X. 227		ROSE X. 219 X. 229
6层 表述层	X. 216　X. 226	ASN. 1 基本解码规则：X. 209		
5层 会晤层	X. 215　X. 225			
4层 传送层	ISO 8073 – AD2 第4类操作			
3层 网络层	PL：X. 25 （ISO 8208） X. 223		PL：X. 25 （ISO8208） CLNS：ISO 8473	
2层 链路层	CSMA/CD LLC：ISO8802 – 2（Ⅰ） MAC：ISO8802 – 3		LAPB：X. 25	
1层 物理层	未规定服务 ISO 8802—3		X. 21 X. 21Bis 和 V 系列接口 （例：V. 28/V. 24，V. 35/V. 11）	

图 11-9　TMN 接口协议

七、网络单元管理系统技术指标及要求

（1）在中心站不配置新的网管系统，要求接入现有光传输设备网管。

（2）现有中调网管系统的管理能力，即网元数量（设备厂商应说明自己对"网元"的定义）。业务配置、管理可通过图形界面完成。

（3）SDH 管理系统的管理功能、网络的结构、ECC 功能以及协议栈等均应符合 ITU – T 建议 G. 784、Q. 811、Q. 812。管理信息模型应符合建议 G. 774 系列。

（一）网络单元管理系统要求

（1）被管理的整个网络中的各网元均应由一个管理软件平台进行管理。在工作站的一个窗口上应能监视被管理的整个网络。通过 WIMP（窗口、图标、菜单、光标）方式的人机接口，监视和控制整个被管理网络中的每一网元。告警和事件记录追踪至每一块电路板/端口。

（2）被管理的整个传输网络若由两个或多个 EMS 进行管理时，EMS 的管理软件应具有灵活的划分其管理区域的功能。功能区域的划分应包括被管理网元的划分、管理功能和权限的划分。

（3）EMS 应同时具有 Qx 和 CORBA 接口。EMS 与网元的连接通过"网关"的 Qx 接口，EMS 与上级管理系统的连接通过 CORBA 接口或 Q 接口。传输系统的网元间互联应通过 DCC 通道的 Qecc 接口。DCC 通道的 D1～D3 字节用于再生段数据通信，D4～D12

字节用于复用段数据通信。

(4)EMS 应具有自身的管理功能,如系统启动、关闭和备份等;数据库和运行情况记录等功能;打印功能;在线帮助功能,以帮助工作人员对各功能和命令的正常操作。

(5)应当保证将所提供的网管系统的接口和协议开放,应说明可与其他厂家设备的兼容性列举成功互联的实例。

(6)应当开放网管系统实时告警的输出接口,并详细说明工作原理。

(二)网元级网管系统(EMS)的管理功能

1. 故障管理

故障管理应能对传输系统进行故障诊断、故障定位、故障隔离、故障记录储存、故障改正及路径测试功能。

1)告警

EMS 至少应该能支持下列告警功能:

(1)可利用内部诊断程序识别所有故障并能将故障定位至单块插板;

(2)能自动报告所有告警信号及其记录的细节,如时间、来源、属性及告警等级等;

(3)应具有可闻、可视告警指示;

(4)应便于查看和统计告警历史记录;

(5)具有告警过滤和遮蔽功能;

(6)激光器寿命预告警。

2)监视参数

在 SDH 物理接口监视的主要参数有:

(1)发送信号状态;

(2)输入信号丢失(LOS);

(3)激光器偏置(激光器预告警)。

网管系统对于光通信设备的监视,应详细给出具体的监视内容和项目,尤其是光接口和光放大器的远方模拟量监视,必须说明其监视项目、监视内容和监视精度及在网管系统中如何管理。

应说明 EMS 所能监视的主要参数中哪些是模拟告警量,如发送光功率等。

在中继段终端监视的主要参数有:

(1)帧失步(OOF);

(2)帧丢失(LOF);

(3)B1 字节错误数;

(4)误块秒(ES)、严重误块秒(SES)和不可用时间;

(5)J0 字节的具体内容。

在复用段监视的主要参数有:

(1)B2 字节错误数;

(2)误块秒(ES)、严重误块秒(SES)和不可用时间。

3）外部事件告警

网元级网管系统应具有外部事件告警的管理功能（如无人站的门禁告警、电源系统告警、空调状态和火警告警等）。应说明该接口的物理及电气特性。

2. 性能管理

设备管理系统应至少提供下列性能管理功能：

（1）能对 G.826 建议的误码性能参数进行自动采集和分析，并能以 ASCII 码文件形式传给外部存储设备。

（2）能同时对所有终端点进行性能监视。

（3）能同时对性能监视门限进行设置。

（4）能存储和报告 15 min 和 24 h 两类性能事件数据；报告"当前"和"近期"2 种性能监视数据；能支持近端或远端双向环回测试功能。

3. 配置管理

设备管理系统应至少能提供下述配置管理功能：

（1）网元的初始化设置；

（2）自动完成端到端的通道交叉和配置，并能通过端口和时隙查询、管理通道的全程配置；

（3）定时源优先级的选择；

（4）NE 状态和控制；

（5）单向和双向环的配置管理；

（6）可以设置、存储、检索和改变保护倒换参数；

（7）路径保护和路径恢复功能；

（8）网同步功能；

（9）应能按要求以图形方式在网管系统屏幕上完成所有的网络配置。

4. 计费管理

网元级网管系统应至少提供下述与计费有关的功能：

（1）与通道有关的数据（例如，连接的时间和持续间隔，影响传输质量的损伤时间等）应有连续 30 d 的存储记录可供调用。

（2）上述数据应能以 ASCII 码文件形式传输给外部存储设备。

5. 安全管理

设备管理系统应至少能提供下述安全管理功能：

（1）未经授权的人不能接入管理系统，具有有限授权的人只能接入相应授权的部分。

（2）应能对所有试图接入受限资源的申请进行监视和实施控制。

（3）能做操作打印记录。

6. 以太网业务管理

对于以太网业务，网管系统应提供如下功能：

1）以太网端口配置功能

支持以太网端口属性的配置，包括全双工/半双工，是否支持 VLAN 和端口速率等属性。

2）以太网透传业务管理

支持以太网端口间点到点透传业务的创建／删除／修改，透传业务传输带宽可配置，传输路径可指定，并可指定保护和非保护。

3）二层交换业务管理

支持以太网端口间共享带宽的配置，支持以太网端口间业务汇聚的配置，支持 RPR 端口的参数的配置，支持以太网端口 VLAN 的设置，支持对 VLAN 的带宽管理，支持转发过滤数据库的管理，支持生成树协议的管理。

4）以太网业务监控

应支持采集 RMON 监控 MIB 库的数据功能。

7. 保护倒换管理

网管系统应提供如下保护倒换管理功能：

（1）SDH 保护倒换；

（2）设备保护倒换；

（3）以太网 STP 保护倒换。

（三）软件要求

1. 一般要求

软件应采用面向对象的结构设计要求，按模块方式组成，每个模块彼此独立，而且每个模块的改变和升级不得影响其他模块。模块之间的接口必须有明确无误的定义和详细的文件记录。对软件系统的主要要求有：

（1）采用友好的用户图形界面；

（2）容易维护；

（3）功能测试和模块修改简单；

（4）全部软件及其模块清楚易懂。

2. 安全性

软件系统应有保护机制，防止过载引起的差错，特定元件的过载不应对设备或功能单元产生有害影响。程序和只读数据必须有保护，内部测试机制必须能测试其主要功能，发现故障并产生告警信号。一旦出现软件差错或电源失效后，系统应返回正常工作状态。

3. 软件修改

软件修改应能借助更换模块的方式来进行，修改工作不应影响控制活动和业已存在的数字信号连接。

4. 更新和升级

EMS 应具有内部功能软件的更新和升级能力，该更新和升级应在在线条件下通过上级网管用软件下载的方式完成。

（四）网管系统

网管系统在下列情况下均应对正常传输的业务电路和各传输通道不产生任何影响：

（1）网管系统投入服务和退出服务；

（2）网管系统故障；

（3）网元与网管系统有关的机盘插入和拔出等。

（五）硬件要求

（1）计算机平台应采用 OSI 标准（开放式系统互联），具有国际标准的计算机操作系统，并有应用程序的统一界面。

（2）硬件平台的处理能力应能充分满足地区网规模需要，并适当留有余量，满足设备增加的需要，对被管理的整个网络应具有实时和及时处理的能力。硬件平台的处理能力还应满足远端 X 终端登录的需要和向上级管理系统接口的处理能力的需要。

（3）EMS 应能支持一个以上操作员同时在网元管理系统上工作，该功能可通过采用操作终端方式来实现，操作终端应具有与 EMS 同样的操作功能。EMS 与 EMS 之间、EMS 与操作终端之间应具有远端登录能力。

（4）应详细说明其硬件平台的能力、型号、配置及外围设备的配置。并提供通过本次配置的 EMS 所管理的等效于 STM－1 的网元（NE）的数量。

（六）网元管理系统的保护

（1）网元管理系统的数据通信及通道保护：①应结合产品的特点，提出网管系统 DCN 配置结构建议、性能指标及网管通道的组织方案。网络中被管理的网元应至少具有 2 条通道与网元管理系统连接，当其中一条通道发生故障时，应不能影响网元管理系统对该网元的管理。②EMS 与 EMS 之间应具有通过 $n \times 64$ kb/s（$1 \leqslant n \leqslant 30$）和 2 Mb/s 通道进行互通的能力。③应根据工程部分所描述的工程结构，提出具体的 DCC 通道保护方案和 EM 之间 DCN 通道保护方案。

（2）网元管理系统数据库中的数据不被丢失。应根据所供网元管理系统，提出数据库的保护方案。

（七）应提供下列详细资料

（1）对于 EMS 与 EMS 之间的接口（Qx）和 EMS 与上级 TMN 之间的接口（CORBA），设备厂商应在合同生效后按要求提供下列资料：①信息模型部分；管理目标定义；组件定义；属性定义；动作定义；通知定义；命名约束；抽象语法描述；行为定义；命名树、继承树、包含树。②管理目标与厂商设备的对应关系。③管理目标的一致性描述。④信息模型部分与功能模型部分的关系。⑤协议栈：各层协议的文本；各层协议的全部参数，包括 DCN 网的地址方案；可供使用的参数值，包括网中各 NE 的地址；协议栈开发工具的说明。⑥数据库部分：使用的数据库类型；数据库结构；数据模型与信息模型之间的关系。⑦通信协议、协议的原语、参数的使用规则。⑧协议中使用的消息集。⑨由协议所交换的用户数据格式。⑩其他必要的技术文件。上述详细的技术资料应保证在开发自己的网络功能系统时能与上述接口进行互通。

（2）应提供接入其 EMS 数据库中关于告警、性能和事件信息的能力。EMS 数据库中关于告警、性能和事件信息的事件应能通过 Qx 或 CORBA 接口传递给外部的管理系统。应提供该接口包括信息模型在内的全部技术文件。

（3）如果今后升级管理软件，应提供相应的升级版本的技术文件。当今后采用了设备厂商在硬件和软件上升级的 SDH 网元时,所提供的 EMS 应具有后向兼容性,以便使现存的网元和将来升级后的网元均能由所提供的 EMS 实施管理。

八、辅助设备要求

公务联络系统(EOW)如下。

(1)公务联络系统应具有下述 3 种呼叫方式:选址呼叫方式,被选局站数不少于 99个;群址呼叫方式;广播呼叫方式。

(2)公务联络系统应具有跨数字段通话能力,即进行数字段之间的公务联络。

(3)应详细说明所供公务联络系统的技术性能和功能。

(4)应具有多方向互通功能。

(5)E1 和 E2 公务电话的切换应简单、可靠和灵活。

第四节　设备一般要求

一、环境温度及湿度

使用时温度
　　保证性能　　　　　　　+5 ~ +40 ℃(-5 ~ +40 ℃)
　　保证工作　　　　　　　0 ~ +45 ℃(-10 ~ +45 ℃)
　　　　　　　　　　　　　(括号内数值用于无人中继站)
相对湿度
　　保证性能指标　　　　　10% ~90%(+35 ℃)
　　保证工作　　　　　　　5% ~95%(+35 ℃)
运输和储存时温度　　　　　-25 ~ +60 ℃
海拔高度　　　　　　　　　≤1 500 m

二、温度循环试验

所供设备经下述温度循环试验应不影响性能指标:
时间　　　　　　　　　　　≥24 h
范围　　　　　　　　　　　-10 ~ +50 ℃
温度变化速度　　　　　　　0.5 ℃/min
循环次数不小于　　　　　　2 次
温度循环试验时,相对湿度　90%(+35 ℃)

三、振动测试要求

所供设备经下述振动试验应不影响性能指标：

振幅　　　　　　　　　$\geqslant 0.6$ mm

加速度　　　　　　　　$\geqslant 15$ m/s^2（x、y、z 三方向）

时间　　　　　　　　　$\geqslant 3$ h

四、设备应具备相应的抗电磁干扰能力

设备本身在 $0.01 \sim 10\,000$ MHz 频率范围内受到电场强度为 140 dBuV/m 的外界电磁波干扰时，应不出现故障和性能的下降。

第五节　专用部分

一、供货范围

供货范围见表 11-15。

表 11-15　　　　　　　　　　　　货物需求及供货范围一览表

序号	设备材料名称	型号及规格	水电站 I	水电站 II
1	622 Mb/s 光通信系统	要求各种板卡竖向插入布置	1 套	1 套
1.1	基本单元子架	STM－4 包括：电源和告警端子及连接头	1 套	1 套
1.2	交换卡	具有高阶、低阶交叉能力，冗余配置	2 套	2 套
1.3	控制卡	冗余配置	2 套	2 套
1.4	勤务卡	EOW，带手机	1 套	1 套
1.5	时钟单元	具有外时钟输入输出接口，冗余配置	1 套	1 套
1.6	光接口母板及光接口	STM－4 光接口母板（4 端口）	—	—
		L4.2	—	1 套
1.7	2 Mb/s 支路盘	—	1 套	1 套
1.8	2 Mb/s 支路保护盘	—	1 套	1 套
1.9	设备主机架	—	1 套	1 套
2	辅助配套设备	—		
2.1	安装材料	含 75Ω 同轴电缆等设备厂商提供标配清单。其中，电源线要求VV－1×16，单根长度不小于 20 m，接地线要求 TJR1－25，长度不小于 10 m	1 套	1 套

续表 11-15

序号	设备材料名称	型号及规格	水电站 I	水电站 II
3	专用工具	—	1 套	1 套
4	尾纤	由设备厂商根据需要配置	—	—
5	光固定衰耗器	10 dB 2 个	1 套	1 套
6	设备手册	—	1 套	1 套

二、工程概况及配置要求

(一)工程概况

1. 光缆路由、容量及敷设方式

(1)光缆路由:水电站到接入系统变电站。

(2)光缆容量和光纤类型:16 芯;G.652。

(3)光缆敷设方式:ADSS 架空光缆。

2. 光传输系统结构、规模容量、站数量

(1)系统构成:本工程水电站设置 2 套 STM-1/4 光端机设备,分别开通水电站接入系统变电站 622 Mb/s 光纤通信电路,1+0 方式。

(2)通信站数量:配置完整设备站 1 个。

3. 光设备配置

在水电站配置 2 套光端机,线路光口速率为 622 Mb/s。

(1)SDH 光端机配置:设备选用 STM-4(622 Mb/s)。高阶交叉容量按 15 GB 配置,低阶交叉容量不低于 2.5 GB,设备性能应符合技术要求。

(2)设备光口群路侧采用 L4.2 型光接口;支路侧(按站说明);2 Mb/s 电接口按 32 × 2 Mb/s 配置。

(3)光端机设备的互连方式:本水电站配置 2 套 STM-1/4 光端机设备,配置 2 套系统方向的 L4.2 光接口。

(二)配置要求

(1)设备的冗余保护:设备的公用单元应具备 1+1 或 1:1 保护模式,光接口和电接口应具备 1+1 或 N:1 保护模式,集中供电的电源盘 1+1 保护模式。

(2)设备工作电源电压 -48 V。2 路 -48 V 输入时,电源盘应具备 2 路电源的隔离装置,优选变换低压后隔离方式。设备厂商提供 2 路输入电源工作原理图。

(3)设备厂商提供各站设备满配置时的总功耗。

(4)同步系统:B 电网传输系统以 B 中调时钟源为主时钟,以地区的时钟源为备用时钟。

设备厂商提供同步系统实现的方案及保护方案。

(5)勤务系统:配置勤务电话 1 部,采用标准 EOW 接口,实现群呼和选呼功能。

(6)互联互通:设备是否有与其他厂家设备互联互通的应用实例,或做过与其他厂家设备互联互通的测试,若有,需详细给出应用资料或测试数据。

(7)其他:应提供所供设备和网管的版本及推出日期,说明和已有设备的兼容性。提供网管数据库格式和访问接口函数,通过该接口函数,通信管理网(TMN)可以根据需要提取所有配置信息和记录信息。供货范围示意图见图11-10。

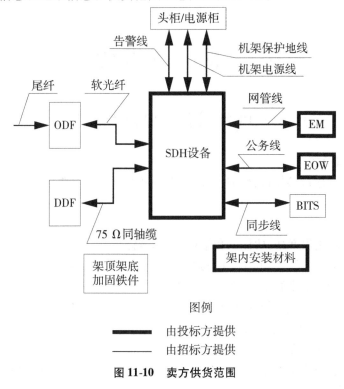

图例

━━━━ 由投标方提供

———— 由招标方提供

图 11-10　卖方供货范围

第十二章　PCM 设备

第一节　技术要求

一、PCM 设备主要技术要求

(一)电接口参数

2 048 kb/s 电接口参数符合 ITU－T 建议 G.703 中的各项要求,并具有 75 Ω 不平衡阻抗。

(二)功能要求

(1)具有智能化程度高、功耗低和结构紧凑等特点。

(2)具有 2 个以上的 2 Mb/s(E1)接口,除可以任意上下话路外,还可以实现不同方向 2 Mb/s 数码流间各时隙的分/差和直通功能。

(3)各种话路端口(包括数据端口及其传输速率)均要求软件设置,要求接口插槽通用性好,各接口插槽不应对接口板类型进行限制。

(4)具有就地和远程维护功能。

(5)PCM 设备具有 BP 功能,即能够提供 2 Mb/s 1＋1、1:1 保护,并能与相同设备形成 2 Mb/s 自愈环。

(三)系统指标

比特率	2 048 kb/s ± 50 ppm
桢结构及复用特性	符合 ITU－T G.704 建议
编码方式	单路编码,A 律十三折线
时钟源	内部或外部的 2 048 kHz 和外部的 64 kHz
抖动特性	符合 ITU－T G.823 建议
接口特性	符合 ITU－T G.703 建议
码型	HDB－3
阻抗	75 Ω、不平衡

(四)话路特性

符合 ITU－T G.712、713、714 建议。

(五)四线音频话路接口

阻抗	600 Ω、平衡
发信电平	－14 dBr(可调范围 ＋1.0 ～ －14.0 dBr)
收信电平	＋4.0 dBr(可调范围 ＋4.0 ～ －11.0 dBr)

反射率减　　　　　　　大于 20 dB(600 Ω、平衡)

(六)二线音频话路接口

阻抗　　　　　　　　　600 Ω、平衡

发信电平　　　　　　　0 dBr(可调范围 +7.0 ~ -8.0 dBr)

收信电平　　　　　　　-2.0 dBr(可调范围 -2.0 ~ -17.0 dBr)

反射率减　　　　　　　大于 12 dB(0.3 ~ 0.6 kHz,600 Ω、平衡)

　　　　　　　　　　　大于 15 dB(0.6 ~ 3.4 kHz,600 Ω、平衡)

(七)二线环路信令接口

电话机接口;交换机用户线接口。

(八)E/M 信令接口

音频通道类型　　　　　四线

E/M 信令类型　　　　　1 E + 1 M

接线类型　　　　　　　V 型

(九)64 kb/s 数字接口

64 kb/s 数字接口技术条件符合 GB 7611—1987《脉冲脉码调制通信系统网络数字接口参数》的要求。

二、PCM 设备接入监控管理系统

(1)为能将 PCM 设备监控管理系统接入 B 中调综合监控管理系统,要求设备厂商承诺如下几点:①免费开放其监控管理系统的接口协议。②免费开放 PCM 设备的语言指令集,并逐条详细解释参数、信息顺序、格式和功能。③对网管系统供应商提供所需的技术配合、样机支持并配合接口测试。

(2)监控管理系统的基本功能要求:①故障管理:能接收来自 PCM 设备的实时告警及事件,并指明告警设备的位置及信息种类,定位到卡,以可闻、可视方式显示,并且应有记录。监控中心还应支持随机查询设备的告警信息。②性能管理:能自动进行定时轮询和随机查询收集各 PCM 设备的性能监测数据,对于告警及事件信息应有过滤功能,并能进行存储、备份、分析和计算,以曲线和表格形式显示。③配置管理:以软件指令控制并设置各 PCM 设备的各项技术参数等。④安全管理:系统应有三级密码级别(安全级、管理级、用户级),不同级别对设备进行调看、设置和修改赋予不同的权限。⑤数据统计分析功能:能对收集到的告警及性能进行统计分析,做出各种报表。⑥具有向上级网管定期上报信息,提供实时告警或供上级随机查询的功能与接口。⑦具有向通信网管系统提供告警信息的功能与接口。应说明接口方式。

(3)应提供监控管理设备和本地维护终端的详细硬件配置(包括内存、磁盘容量、操作系统等)。

(4)对设备本地维护终端的要求。本地维护终端支持对设备进行日常维护管理,其基本的监控功能应包括:①调看设备的所有运行数据(状态、告警、性能);②根据设备所能接受的控制命令对其进行控制操作。

三、对设备的一般要求

(一)环境温度及湿度

运输和储存时温度	$-20 \sim +60$ ℃
使用时温度: 保证性能	$+5 \sim +40$ ℃
保证工作	$0 \sim +45$ ℃
相对湿度: 保证性能指标	$10\% \sim 90\%$ ($+35$ ℃)
保证工作	$5\% \sim 95\%$ ($+35$ ℃)

(二)设备工作电源

输入电压 -48 V($(1-15\%) \sim (1+20\%)$),DC(-24 V($1 \pm 15\%$)DC)正极接地

脉动电压   允许 100 MV(峰－峰值,正弦波 $0 \sim 150$ Hz)

宽带干扰信号   (10 MHz)有效值小于 10 mV

话带干扰信号 < -68.5 dBmp

(三)温度循环试验

所供设备经下述温度循环试验应不影响性能指标:

时间	$\geqslant 24$ h
范围	$-10 \sim +50$ ℃
温度变化速度	0.5 ℃/min
循环次数	$\geqslant 2$ 次
温度循环试验时,相对湿度	90% ($+35$ ℃)

(四)振动测试要求

所供设备经下述振动试验不影响性能指标:

振幅	$\geqslant 0.6$ mm
加速度	$\geqslant 15$ m/s^2(z、y、z 三方向)
时间	$\geqslant 3$ h

(五)对机架和机盘的一般要求

(1)设备的总体机械结构充分考虑安装、维护的方便和扩充容量或调整设备数量的灵活性,实现硬件模块化。具有足够的机械强度和刚度,设备的安装固定方式应具有防振抗震能力,保证设备经过常规的运输、储存和安装后不产生破损变形。

(2)线缆在机架内排放的位置设计合理,不得妨碍或影响日常维护、测试工作的进行。所有的安装和维护操作均应在机架前面进行。

(3)本工程设备机架采用已有的国际标准的 19 in 结构,电缆的引入端均在机架的底部和顶部,机架顶部具有 2 路供电的,可分配电源的分配端子及告警接线端子。

(4)所供设备机架均加装盖板,设备机架中不装单元框的空位置应加装盖板。

(5)表面涂敷处理:设备的表面涂敷满足防腐的要求。所有喷漆(塑)零件的表面光

滑平整、色泽一致,不允许有划痕、斑疵、流挂、脱落和磨损。电镀零件的表面有金属光泽,无裂纹、斑点、毛刺和缺陷。

(6)机架(盘)的外观色彩协调,色调柔和,色泽一致。

(7)印刷电路板:①所有印刷电路板均防腐蚀。②印刷电路板均不允许有飞线。③印刷电路板有插拔及锁定位置。④同一品种的电路板具有完全的互换性。⑤设备厂商提供所有电路板图纸,图纸与实物应一致,并将所有部件列表说明。

(六)设备情况

所供设备为组装完整并经过严格检验的整机。

(七)设备保护

当设备加电运行时,插入或拔出机盘不引起任何元件的损坏和缩短使用寿命。所有机架及子框均能够接受 2 路不同电源供电的能力(2 路电路互为备用)并具有相应的功能模块。

(八)电磁兼容和抗电磁干扰(EMC&EMI)

设备的电磁兼容性及抗电磁干扰满足 IEC801 – 2,IEC801 – 3 和 IEC802 – 4 的要求。

(九)设备接地方式

设备接地电阻小于 5 Ω,采用联合接地方式。

(十)冷却与通风

设备的冷却采用自然通风散热方式。

第二节 供货范围

PCM 设备供货范围见表 11-1。

表 11-1   PCM 设备供货范围

序号	名称	单位	水电站数量
1	公共系统(机框、电源保护、管理、交叉保护、2 M)	套	2
2	6CH FXS 语音板	套	4
3	12CH FXO 语音板	套	2
4	6CH 4W E/M 语音板	套	4
5	2 Mb/s 数字电缆($L=15$ m)	套	2
6	FXS 音频电缆($L=15$ m)	套	4
7	FXO 音频电缆($L=15$ m)	套	2
8	4 W E/M 音频电缆($L=15$ m)	套	4
9	机柜	套	1
10	电源电缆($L=15$ m)	套	2
11	接地线($L=10$ m)	套	1

注:(1)本工程传输设备需具备接入电力通信网已有 PCM 设备网管的能力。(2)PCM 设备需现在电力通信网有成功运行。

第十三章 管理程控交换系统

第一节 概 述

电话交换机的主要任务是实现用户间通话的接续。同时,提供来电显示、呼叫转移、权限控制等各种补充业务。"交换"和"交换机"最早起源于电话通信系统(PSTN)。其历程可分为3个阶段:人工交换、机电交换和电子交换。程控交换机采用程序控制方式,因此称为存储程序控制交换机,或简称为程控交换机。程控时分交换机一般在话路部分中传送和交换的是数字话音信号,因而习惯称为程控数字交换,由于程控数字交换技术的先进性和设备的经济性,使电话交换跨上了一个新的台阶,而且对开通非话业务,实现综合业务数字交换奠定了基础,因而成为交换技术的主要发展方向,随着微处理器技术和专用集成电路的飞速发展,程控数字交换的优越性愈加明显地展现出来。目前,所生产的中大容量的程控交换机全部为数字式的。我们在水电工程中的管理交换机和调度交换机大多选用此种类型交换机。

第二节 交换系统设备技术要求

一、交换机功能及技术要求

(一)系统的功能要求

应适用于组网设计要求。交换机容量为512线并可扩容至1 024线。

(1)具有号码转译,中继双向计费和信令转接功能。

(2)具有数字中继和各类模拟中继接口。

(3)路由选择灵活,支持按比例、按时间的动态网络调度。

(4)计费方式灵活多样,能满足专网和端局的不同计费要求。

(5)可支持商用网业务、CENTREXC、语音邮箱等业务功能。

(6)提供符合ITU – T标准的ISDN接口(包括2B + D基本速率"S"接口(4线)、"U0"接口(2线)和30B + D基群速率接口,网络终端NT1,终端适配器TA。

(7)可支持PHI和V. 35/V. 24接口,支持分组交换业务和DDN专线业务。

(8)支持各种声讯业务功能。

(9)支持ISDN PRI/BRI信令和中国No. 7号信令接口。

(10)应提供YDN – 065 – 1997中规定的电话基本业务、补充服务和特种业务,提供ISDN用户承载业务、终端业务和补充服务。

（11）至少可以提供以下新业务：话机自检、区别振铃、拍叉转移、话务员强插、代答分机、账号呼叫、话机设定号码限呼、话机修改密码、话务员监听以及主叫号码显示和限制。

（12）具有选择直达路由和迂回路由的功能，并防止循环迂回。

（13）可根据用户的不同要求，灵活修改软件配置，以满足本专网的特殊需求。

（14）系统扩容灵活方便，升级简单，界面开放。

（15）提供网络终端维护功能，终端数目可灵活配置，支持远端维护。

（16）对集中控制的交换机，主机公共控制及电源设备采用冗余配置，主备自动倒换运行。公共控制系统必须配置在不同机柜中，保证整个通信系统安全性。

（17）具有优异的软硬件安全保护功能。保证在恶劣环境下高可靠性工作。

（18）电路保护设施完善，实现防雷和防过压、过流保护。

（19）具有与 PSTN、ISDN、PSPDN、INTERNET、移动、寻呼等网互通的功能。具备 BRI 接口，PRI 接口，支持 7 号信令、ISUP 信令、QSIG 信令、ETSI 信令、中国 DSS1 信令以及中国 MSC 信令。

（20）具有 IP 中继方式和 IP 网关方式（IPG）与 IP 网络相连。

（二）业务要求

（1）要求交换设备适应直流脉冲电话机和双音多频（DTMF）电话机。

（2）交换设备应具有两群以上的虚拟专用网应用软件及相应硬件设备。

（3）本工程的交换设备应支持向用户提供存取语音信息的语音邮箱业务，如呼叫遇忙和久叫不应转邮箱业务。

（4）可接的终端设备有普通话机、可视电话机、传真机、调制解调器和数字话机等。

（5）可对各端口传输电平进行控制，以适合不同线路的要求。

（6）具有多级组网功能。

（三）NO.7 信令

（1）提供的中国 NO.7 信令应通过中国信息产业部检测，并应具有向 SCCP、TCAP 和 INAP 等完善发展的要求。

（2）NO.7 信令方式应符合中国国内电话网关于 NO.7 信令方式技术规范，并能与网上的随路信令连通。

（四）信号及中继方式

（1）中继方式：呼入、呼出采用全自动直拨中继方式 DOD1 + DID。

（2）信号方式：本工程交换机与电信公网之间采用 ISDN PRI 信号方式。入专用网的信号方式应保证与省调管理交换机在 2 Mb/s 接口上可靠连接。专用网内的局间电路将采用光纤数字通信等电路与交换机连接，采用 2/4W E&M 或 2W 环路方式。E&M 的类别要求符合国际通用的 Ⅰ ~ Ⅴ类，并要求上述的端口板能根据用户的需要，现场方便地改变端口的型式及 E&M 的类别。要求中国 NO.7 号信令可在网上并存运行。

（3）与电站调度交换机采用 2M 数字中继连接。

（五）接口要求

（1）普通用户接口（Z 接口）：接普通话机（其中 10% 具有向用户端口传送反极性信号、计费脉冲信号功能）。

（2）ISDN 口。2B+D 口:符合 ITU－T I.430、G.961 标准;30B+D 口:符合 ITU－T I.431 标准。

（3）模拟中继:E&M 四线中继。

（4）数字中继:传输 PCM 信号,支持 NO.1 与 NO.7 信令共存、兼容和转换。

（5）数据接口:提供 V.24/V.35/V.36/n＊64KBPS 同步信号,用于与 PCM 信号的相互转换。

（6）测试接口:具备测试总线接口,可与故障集中受理测试系统或设备对接。可对用户接口、中继接口完成测试功能,可对各种单板(如 NET 网板、DTMF 信号器、MFC 多频收发器、光接口等系统资源和功能单板)进行测试。可对用户话机功能、用户线路性能等进行测试和故障定位。

（7）时钟接口:具有 GPS 对时功能,能接收全厂 GPS 装置的脉冲对时信号。

（8）终端接口:采用网络连接方式,通过开放的网络接口连接各种维测终端,完成维护、测量、统计、数据设定、计费及其他管理功能,支持 V.24/V.35/X.25 接口。

（9）接口特性应满足 YDN065—1997 中第 10 章要求。

（六）IP 终端的要求

以太网电话既支持动态主机配置协议(DHCP),也支持静态 IP 地址,用户可根据需要灵活选择。一旦设备配置好之后,话机可以随时移机而无需重新接线。另外,通过内置以太网电话交换模块,可以使桌面电脑和以太网电话共用一个以太网口,并且保证语音的优先级。共享同一端口可以简化网络布线系统,并保证语音的最佳品质。IP 电话支持中文菜单界面。

支持 6 方会议、话务台回叫、自动遇忙重拨、呼叫持续时间显示、呼叫前转(9 种类型)、呼叫连接、呼叫转移、呼叫等待、呼叫线路识别、呼叫姓名显示、呼叫计费、呼叫等级服务、呼叫保持、呼叫连选(6 类型)、话务员应答、网络留言等待以及再振铃等功能。

（七）支持 PC 软件电话功能

基于 PC 的软件电话应用可以通过以太网方式接入系统并作为系统的终端来应答呼叫,可以将 IP 硬电话和软电话号码捆绑在一起,方便用户在移动的环境下自由选择接听方式。同时,所有的功能同硬件 IP 电话机具备的功能相同。

（八）时钟与网同步

（1）要求系统提供 4 级时钟系统,采用主从同步方式。

（2）网同步的性能应符合 YDN－065—1997 中第 12 章要求。

（九）编号计划

交换系统的用户号码 1~8 位应能随意编排,可以等位,也可以不等位。

本工程所有内部分机实行 4 位等位编号;特服号码应遵循邮电标准。

（十）呼叫方法

（1）内部呼叫:直接拨打内部四位号码。

（2）拨打市话:0＋用户号码(一次拨号)。

（3）拨打长途:0＋区号＋用户号码(一次拨号)。

（4）外部电话拨打本工程分机:区号＋局号×××× 或局号××××。

（十一）话路负荷

（1）普通用户话务量:0.2 erl/用户。

（2）2B+D 用户话务量:0.40 erl/用户。

（3）中继线话务量:0.8 erl/线。

（十二）用户级别

用户级别可用软件设置,共分为 6 级:

I 级:国际长途有权;

A 级:国内长途有权;

B 级:本地网内有权;

C 级:本局内有权;

D 级:仅特服有权;

E 级:呼出限制。

（十三）计费方式及设备

（1）本工程设脱机计费设备,完成对本地区及长途的计费。

（2）计费方式及计费功能应符合 YDN065—1997 第 9 章要求。

（3）计费设备应能根据需要调整费率,用户收费费率管理要求适于交换设备的计费系统,随着通信新业务的发展,费率种类应有适当的发展预留。

（4）计费设备应能满足本地呼叫及长途呼叫的计费要求,本地通话分为市话和农话,本地呼叫采用复式计次,长途呼叫采用详细记录计费方式 CAMA。能进行计费处理、话单报表的打印及各类附加费的计算、打印即时话单。

（5）对 ISDN 用户间的通话采用 LAMA 详细计费方式,应能根据用户终端类型确定费率。

（6）本工程的交换设备应具有中继线复式计次功能。根据需要可采取详细记录计费方式。

（7）应能满足特种业务、补充服务计费与不计费的要求。计费的特种业务、补充服务一般采用复式计次方式,根据需要可采取详细记录计费方式。

（8）应具有立即计费功能。

（9）应详细介绍所提供的计费设备的技术性能及指标。

（十四）服务质量指标

1. 故障率

1）故障率测试方法

交换系统应有服务观察功能,可同时观察 40 个用户以上的用户接续。故障率测试以服务观察结果与模拟呼叫和人工拨号测试的结果相互核对,并以剔除认为拨号错误的统计数据为准。模拟呼叫器及人工拨号用户的号码有 2 种安排方法:一是均匀分布在全局号码中,二是集中在几个用户组中,使它能在规定的设计负荷情况下运行。

2）故障率指标

本局呼叫测试:2.4×10^{-4}

本局内出入局自环测试:6.8×10^{-4}

综合测试(本局出局、入局、长话、特服和新业务等):3.4×10^{-4}

2. 可靠性指标

1)交换系统可靠性

系统中断累计时间在 20 年内不得超过 0.5 h,1 年内不得超过 3 min。试运行期间不得产生中断,如发生中断试运行期应重新开始。

2)用户线群和中继线群的可靠性

用户线群和中继线群每年发生分群中断不得超过 15 min,安装验收测试与试运行指标均同。

单个用户和单个中继每年中断不得超过 20 min。

3)分散设备的可靠性

一个终端不能正常呼入、呼出的时间不超过:每用户线 15 min/年;每中继电路 15 min/年。

3. 硬件故障

1)印刷电路板上元器件损坏,导致印刷电路板要检修的次数

安装验收测试   0.05 次/月(100 线)

                                        0.005 次/月(1 个 30 路 PCM 系统)

试运行验收测试第 1~2 月   0.04 次/月(100 线)

                                        0.004 次/月(1 个 30 路 PCM 系统)

第 2 月后   0.03 次/月(100 线)

                                        0.003 次/月(1 个 30 路 PCM 系统)

2)印刷电路板插件接触不良引起的故障,拔下电路板后插上又恢复

安装验收测试   0.03 次/月(100 线)

试运行验收测试第 1~2 月   0.02 次/月(100 线)

                                        0.002 次/月(1 个 30 路 PCM 系统)

第 2 月后   0.01 次/月(100 线)

                                        0.001 次/月(1 个 30 路 PCM 系统)

3)硬件电路设计上的故障

安装验收测试   2 次/月(全系统)

试运行验收测试第 1~2 月   1 次/月(全系统)

第 2 月后   0.5 次/月(全系统)

4)软件设计上的故障

安装验收测试   4 次/月(全系统)

试运行验收测试   1 次/月(全系统)

4. 差错率

计费差错率不大于 10^{-4};

路由选择差错率不大于 10^{-4};

交换机接收有效号码后呼叫遇无音的概率不大于 10^{-4};

其他差错率不大于 10^{-4}。

5. 超负荷控制

当话务超负荷20%时,处理机不应超负荷,处理各类人机命令、打印机输出等应无明显延时,等待拨号音及接续的时间等不应明显延长;当处理机负荷超50%时,应采用自动逐步调整方式限制普通用户的呼出。

不允许一次超负荷处理机自动切断所属的全部用户。

6. 延时时间

1)入局响应时间

使用随路信号的入局响应延时如下:

	额定负载	话务超负荷20%
平均	≤300 ms	≤400 ms
0.95 概率	≤400 ms	≤600 ms

2)用户电路的拨号音发送延时

	额定负载	话务超负荷20%
平均	≤400 ms	≤800 ms
0.95 概率	≤600 ms	≤1 000 ms

3)接续和释放时间延时

	额定负载	话务超负荷20%
平均	≤250 ms	≤400 ms
0.95 概率	≤300 ms	≤600 ms

7. 呼损

	额定负载	话务超负荷20%
本局	≤1%	≤4%
出、入局	≤0.5%	≤3%
转接呼叫	≤0.01%	≤1%

8. 超时释放时间

超时释放时间可用软件调整。

9. 其他指标

其他指标(如传输、杂音等)应满足相关规程、规范要求。

10. 通话情况

通话中主观感觉不应发现通话中有杂音、串音、单向通话、振鸣及接近振鸣等现象。

(十五)通话电路释放方式

要求设备具有互不控制、主叫控制、被叫控制3种控制方式,且可通过软件修改任一用户的释放方式。

(十六)业务统计与测量

(1)话务统计分为自动周期性统计和人机命令启动的指定统计。

(2)统计、测量项目:业务统计与测量应满足 YDN065—1997 中 13.1 要求。

(十七)维护管理

维护管理设备应由显示终端、功能键盘、打印机、可读写光盘、磁盘、驱动器、告警系统以及自动应答设备等组成。

(十八)电源要求

(1)应详述电源中断时对存储器的影响和保护措施;

(2)应详述瞬时过电压对交换系统的影响及消除这种影响的措施;

(3)应给出话务量最大时各种机柜的耗电量;

(4)应详述所提供设备中任何需要由交流供电的设备及功耗。

(十九)接地

(1)应给出设备对接地电阻的要求;

(2)提供地线分配系统的详细建议;

(3)应提供接地组件。

(二十)环境要求

(1)工作温度及相对湿度:应提出交换设备,包括附属设备等对环境温度及湿度的要求。

(2)应提供设备对灰尘防护方法的详细说明,并明确提出安装设备的场所对灰尘极限条件。

(3)交换设备应具有抗静电性能。

(4)应提供交换设备的安装抗震措施。

(5)提供的设备应负责包装并适应不同的运输环境条件,如防水、防震等。设备应能在无空调环境下运输和储存。

(6)应说明设备允许的最大温度变化率及对设备寿命和运行期可能发生的影响。

(二十一)软件

在硬件不变的情况下,提供的所有软件应在 5 年内提供免费升级,且应符合 YDN065—1997 第 15 章要求。

(二十二)其他

硬件应符合 YDN065—1997 第 14 章要求。

机械结构与工艺应符合 YDN065—1997 第 17 章要求。

过压保护应符合 YDN065—1997 第 18 章要求。

二、交换机 ISDN 功能及数字话机技术要求

数字电话机应符合 ITU－T 标准及我国有关国家标准及行业标准,适应任何的交换机,适应线路供电及本地供电,供电切换时不会造成通信中断,维持话音通信的功耗应低于 380 mW。

(一)操作功能

(1)具有 LCD 显示屏,可显示菜单、被叫状态、主被叫号码、时间、日期等信息。

(2)具有显示、应用、固定、预置、可编程等齐全的功能键,各键均有 LED 显示功能状态。

(3)音量调节数字化。

（4）具有双音频发生器,呼叫控制支持重叠或总体发送,可在线拨号,便于远程操作。

（5）多种振铃音可自由选择。

（6）具有电话号码本功能及呼叫历程记录功能。

（7）具有实时时钟和日历功能。

（8）具有最后号码重拨及用单键完成快速拨号功能。

（9）话音可在手柄和免提间进行切换,通话过程可进行静音控制。

（10）数据呼叫可由 PC 或话机键盘完成,支持 MODEM 协议(即 AT 命令集)。

（11）具有受限供电(远方供电)方式下的限制操作和显示功能。

（二）话音通信业务功能

（1）呼叫保持:当与一方通话时,可以暂停该通话而建立 1 个新的呼叫或接另 1 个呼叫,并可在 2 个呼叫对象之间进行切换,随意选择与其中一方恢复通话。

（2）终端移动性:可将话机从某一 S/T 端口的业务暂时停下,将设备移到另一 S/T 端口上工作,而回到原端口仍可恢复与该端口的业务联系。

（3）多用户号码:一条 ISDN 线路可以有多个号码,这条 ISDN 线路下的不同设备可单独作为被叫并且可单独计费。

（4）子地址:可以在电话机上随意设置自己的子地址,使号码得到扩充。

（5）主叫号码识别及限制识别:可以设置是否允许自己电话号码在呼叫时显示在对方的显示屏上。

（6）被叫号码识别及限制识别:可以设置是否允许自己电话号码在应答时显示在对方的显示屏上。

（7）呼叫等待:通话时有其他呼叫但接口无空闲时,可以对该等待呼叫选择接收、拒绝或不理睬。

（8）用户 – 用户信令:在和另一用户通信期间,向对方发送少量的字符或数字信息,特别适合于发送不希望用话音传递或需要保密的短信息。

（9）会议呼叫:可以发起多方电话会议,通过菜单对各个会议成员进行加入、退出、隔离或重接。

（10）三方会议:可以保持一方呼叫而增加一个第三方的呼叫,并且将被保持的呼叫结合成三方同时通话。在此过程中,可以清除其中一方或仅与其中一方通话或结束三方通话,并且具有普通话机的呼叫转接、遇忙呼叫转移、无应答呼叫转移、无条件呼叫转移等功能。

（三）数据通信功能

（1）具有 3 个以上 RS232 或 V. 24 DCE 接口。

（2）异步数据速率:0. 6 ~ 38. 4 kb/s。

（3）同步数据速率:0. 6 ~ 64 kb/s。

（4）数据适配器应符合 V. 110 协议。

（5）支持 PPP 异步/同步间变换,可进行 LAN 或 Internet 远程访问。

（6）数据终端可使用面向 MODEM 用户的 AT 命令集系列进行异步呼叫。

（7）数据呼叫到来可选择自动应答方式。

(8)进行数据呼叫的同时,也可进行话音呼叫。

(四)接口和功耗

(1)具有 DIP 开关设置终端电阻及最小业务允许。

(2)数据端口采用标准 DB25 孔连接器。

(3)S/T 接口采用 RJ45 连接器。

(4)应提供本地供电直流 24 V 电源模块。

(5)功耗:常态供电时,小于 650 mW;受限供电时,小于 380 mW。

三、其他要求

(一)对温度、湿度的要求

交换机在机房内对温度、湿度的要求见表 13-1。

表 13-1　　　　　　　　交换机在机房内对温度、湿度的要求

设备名称及机房名称	湿度(℃)		相对湿度(%)	
	长期工作条件	短期工作条件	长期工作条件	短期工作条件
程控交换机及调度台	15 ~ 30	0 ~ 45	40 ~ 60	20 ~ 90

(二)对防尘的要求

机房内灰尘粒子应是非导电、非导磁和非腐蚀性的。

(三)交换机抗电磁干扰的能力

交换机在受到 0.01 ~ 1 000 MHz 频率范围内电场强度为 140 dBμV/m 的外界电磁干扰时,应不出现故障和性能下降。

在直流和交流电源线受到表 13-2 所示的 0.01 ~ 100 MHz 频率范围内的外界电磁干扰时,应不出现故障和性能下降。

表 13-2　　　　　　0.01 ~ 100 MHz 频率范围内的外界电磁干扰电流

频率(MHz)	最大线路电流(dBμA)
0.01 ~ 0.8	$-21.05\lg f + 67.9$
0.8 ~ 100	70

(四)电源与接地

(1)额定电压:额定电压为直流 -48 V。

(2)电压波动范围:允许的电压波动范围为 -57 ~ 40 V。

(3)杂音电压:300 ~ 3 400 Hz 衡种杂音电压不大于 2 mV。

(4)0 ~ 300 Hz 峰—峰值杂音电压不大于 400 mV。

(5)3.4 ~ 15 kHz 宽带杂音电压不大于 100 mV 有效值。

(6)0.15 ~ 30 MHz 宽带杂音电压不大于 300 mV 有效值。

（7）离散频率杂音电压：

①3.4~150 kHz，≤5 mV 有效值。

②150~200 kHz，≤3 mV 有效值。

③200~500 kHz，≤2 mV 有效值。

④0.5~30 MHz，≤300 mV 有效值。

（五）同步要求

采用主从同步方式，应具有外同步输入口。

交换机应具备 3 级时钟。满足邮电部电话交换设备总技术规范书（GF002—9002.1）的要求。

第三节　货物需求（参考配置）

货物需求参见表 13-3。

表 13-3　　　　　　　　　　　货物需求表

序号	名称	规格型号	单位	数量	备注
一	管理交换系统设备				
1	交换机（包括以下端口）	512 线	套	1	
	普通模拟用户	—	端口	512	
	数字用户	—	端口	16	
	IP 用户	—	端口	5	
	四线 E&M 中继	—	端口	8	
	环路模拟中继	—	端口	8	
	中继 E1	—	端口	7	PRI 信令
2	话务台	—	套	1	
3	维护测试终端（计费、维护、测量）	—	套	1	
4	便携式维护测试终端	—	套	1	
5	激光打印机	—	台	1	
6	数字话机	—	部	10	非红色
	模拟电话	西门子	部	500	
	IP 话机	—	部	5	
	IP 软电话	—	部	5	
7	机柜	通信机柜统一尺寸	—	—	按需配
8	备品备件	—	套	1	
9	专用工具及安装材料	—	套	1	

第十四章 数字程控调度交换机

第一节 概 述

水电站需要配置数字程控调度交换机 1 套,容量为 256 端口,兼顾调度组网、场内调度通信功能,整机公用部分要求冗余配置(例如 CPU、直流电源系统等,且双 CPU、直流电源系统具备主、备切换功能)。本工程调度机组网中继线采用 2 Mb/s 数字中继,备用模拟中继为 4 WE&M 和二线环路中继 2 种;具备远程维护功能,提供接口并配置调制解调器。调度交换机主机布置在通信机房内,在主控室设置调度台 2 个,带有微机录音系统(8路),其硬盘不小于 80 GB、主机采用工控机,并配置语音转录装置和光盘刻录仪。机房的装修工艺要求和设备布置按电力行业设计规程执行。

第二节 主要技术要求

设备制造应满足国家现行有关规范和标准及国家现行的行业标准的有关规定。

一、电源及使用环境

(一)设备电源

额定直流电压　　　　　　　　　　　　　-48 V(正极接地)

直流电压允许变化范围　　　　　　　　　-15% ~ +20%

具备双路直流电源输入,且应能自动切换。

(二)使用环境

温度　　　　　　　　　　　　　　　　　+5 ~ +45 ℃

相对湿度　　　　　　　　　　　　　　　20% ~80%(最大绝对湿度 25 g/m³)

在以上条件下长期运行,要求设备能正常运行,且满足技术性能指标。

(三)设备的接地方式

机房的工作地、保护地、建筑防雷接地采用联合接地。供方应提供所供设备接地的要求及接地方式。

(四)冷却与通风

供方应说明其设备的散热方式,设备的冷却优选自然通风散热方式。若需采用强制风冷,应配置风扇并有防尘措施。

二、调度程控交换机组网方式

新建调度程控交换机以 2 Mb/s 数字中继方式与信通中心、地调连接。模拟中继为 4 WE&M 和二线环路中继 2 种,用户线采用二线模拟方式,考虑今后扩容余地。

三、基本技术功能要求

对调度程控交换机基本技术指标的要求,是指在调度交换机供货、安装、调试和运行全过程中,需方对设备及整个系统指标提出的基本要求是供方应必须满足的条件。如有不符,应在技术建议书中做明确回答。

(一)基本特性

系统容量 256 端口

调制方式 PCM30/32 A 律

中央处理器 工控机等级

交换网络 T 型

话务量 用户线 >0.3 erl/每线

中继线 >0.7 erl/每线

(二)传输特性

传输损耗 2~7 dB

传输损耗随时间的短期变化,10 min≤0.2 dB

传输损耗一致性,变化≤1 dB

衡重杂音 < −65 dBm0p

非衡重杂音 < −40 dBm0p

绝对群时延 500~2 800 Hz:平均值<3 000 μs,95% 值≤3 900 μs

串音 ≥67 dB

互调失真 ≤35 dB

电源杂音(加衡重网络) <2.4 mV

(三)业务种类

(1)业务信息以话音为主,以非话音为辅。

(2)通信业务种类为话音、低速数据和文件传真。

(3)话音业务以调度电话为主,与调度业务相关的管理电话为辅。

(四)信号标准

1. 用户线信号

1)用户线参数

用户环路电阻 ≤1.2 kΩ(含电话机直流电阻)

环路电流 ≥18 mA

用户线间绝缘电阻 ≥20 kΩ

用户线间电容   ≤0.5 μF

2）接收用户线脉冲参数

拨号脉冲速率   10±1 脉冲/s

脉冲断续比   （1.6±0.2）:1

脉冲间隔   ≥350 ms 能可靠识别

3）接收双音多频话机

参数符合国标 GB 3378—1982《电话自动交换网的用户线信号方式》。

2. 局间数字型线路信号

符合国标 GB 3971—1983《电话自动交换网局间数字型线路信号方式》。

3. 局间音频线路信号

采用带内 2 600 Hz 单频脉冲线路信号,符合国标 GB 3376—1982《电话自动交换网单频脉冲线路信号方式》。

4. 铃流和信号音

符合国标 GB 3380—1982《电话自动交换网铃流和信号音》。

（五）信号方式

数字程控调度机应具备与华北电力调度程控交换网、B 电力调度程控交换网网内现运行的调度交换机进行 2 Mb/s 及四线中继组网的功能,要求具备以下信令和信号方式。

1. 局间信令

(1)线路信号:二线环路信令;E&M 信令、局间数字型线路信令、Q 信令。

(2)记发器信号:DP 支流脉冲信号、DTMF 双音多频信号;MFC 多频互控信号等。

注:记发器信号应有 DP、DTMF、MFC 三种,用户可根据需要自行选定并更改。

(3)具备中国一号信令、七号信令,信令参数及基本格式符合中国《邮电部电话交换设备总技术规范书》的规定。并能在此基础上各厂家为实现局间功能透明等所作的改动请详细说明。

2. 用户线信令

具有 DP/DTMF 兼容的用户信令。

3. 数字用户线信令

具有数字用户信令,2B+D 数字用户信令、支持 NB+D 接口。

4. 局间接口配合方式

(1)二/四线 E&M 接口(不同类型可进行设置),信令可采用 DTMF、EBR/2 信令等。

(2)单、双向二线环路中继接口,支持主叫号码显示功能。

(3)2M 数字中继接口(支持随路 DTMF"A"格式、共路"Q"信令)。

（六）接口类型

(1)中继接口   2 Mb/s 数字中继

                          二线环路中继

                          2 W/4WE&M 中继

(2)用户接口   普通电话

                          会议电话

　　　　　　　　　　　　调度录音机接口

（3）数据接口　　　　　用于远端维护的调制解调器接口

　　　　　　　　　　　　数字调度台接口或数字电话接口（RS232C）

（七）系统管理及维护功能

（1）应具有汇接功能。

（2）调度呼叫用户无链路阻塞。

（3）用户呼叫调度无链路阻塞。

（4）调度通话优先，任意数量用户摘机、通话或拨号状态，调度均可直呼用户、中继；用户、中继均可直呼或热线呼叫调度台。

（5）调度台应具有强拆、强插、呼叫转移和保持等功能。可强拆、强插正在进行内部通话的分机用户的通话。

（6）调度台话机具有最高优先权。调度台能主动建立或拆除某些用户间的通话，能对任一用户呼叫、插话或拆除。

（7）调度功能：①调度方式。调度台可通过下列 2 种可选方式向调度对象发送调度命令。（a）语音通道方式；（b）文字传真方式。②调度范围。数字调度程控交换机具有对包括公用网、电力专网及分机用户进行调度的功能。③调度台操作键种类。调度台应具备"功能键"和"用户键"两大类操作键，供调度员操作。用户键代表一个号码，可以为用户/中继号码，也可为组呼时的组号。功能键，能提供完成各种调度、会议和转接等功能。④"用户键"设置功能。调度台的每个"用户键"可设置成与一个用户（公用网、电力专网或分机用户），一条中继，一个"组呼"或一个会议相对应，并能直观地将设置内容显示于各"用户键"上。⑤"组呼"功能和等级设置功能：ⓐ"组呼"可以设置等级，调度系统允许设置多个"组呼"，每个等级只对应一个"组呼"。同一调度台可以设置多组"组呼"。ⓑ同一用户允许被设置在不同等级的"组呼"内，当多个"组呼"同时发生时，该用户被接至等级最高的"组呼"内通话。ⓒ调度系统可以同时发出多个"组呼"呼叫。⑥调度台状态提示功能：ⓐ对各种呼叫状态均应具有可见可闻的提示。ⓑ应具有主叫用户号码显示功能。⑦调度台及其功能：ⓐ调度员通过调度台实施调度操作。调度机可以配置一个或多个调度台。若有多个调度台，可根据需要划分为若干个调度台组，进行分组操作。ⓑ应急切换功能：当电源中断、ICPU 失灵造成调度机瘫痪时，将重要电路自动切换到备用调度话机；设备恢复正常时，自动切换到正常工作状态。ⓒ调度员可通过按相应的"用户键"或拨号方式进行调度呼叫，实现点呼、组呼等多种呼叫功能。ⓓ多个调度台时，同组调度台内具有互助功能，当用户或外线呼叫调度台时，具有同组互助的调度台都有声、光响应，任一调度台都可应答；调度台全忙时，具有呼入排队等待功能，在所有调度台上均显示进入排队等待的呼叫。ⓔ调度台可预置轮询呼叫次序，并依次自动发出呼叫，也可中途人工干预。ⓕ调度台与主机之间的距离应达 200 m 以上。ⓖ调度台具有免提功能，应有外接麦克风插口，当外接麦克风时，内部麦克风不起作用。ⓗ调度台可外接功放或有源音箱。外接功放或有源音箱时，内部扬声器不起作用。

（8）电话会议功能：①调度台能通过点呼或会议组呼呼出会议出席者，并具有增减用户及"点名"的功能。②调度台与会议主席可为双向用户，会议出席者为单/双工通话用户,由调度员完成操作控制。③调度台可中途退出/返回会议(在此期间调度员不再控制会议)。

(9)系统有区别调度呼叫与普通呼叫振铃的功能。应具有多种不同的振铃方式,能区分内部呼叫、外部呼叫及紧急呼叫的振铃方式。

(10)调度与会议过程中对挂机用户可以自动再振铃。

(11)用户功能:可对每个用户进行等级设置,如调度等级、呼出等级等。

(12)中继局向设置功能:对中继局向分组设置,可以是1条中继1个局向,也可以是多条中继1个局向。可以设置多个中继局向接至公用网或电力专网。

(13)密码保护:用户等级设置和中继局向设置等均需输入正确密码才能操作,密码可以自行修改。

(14)键权跟踪功能:当1个调度台有2部以上调度话机时,各话机能分组调度,该调度台上的按键操作权归属哪部调度话机应能自动跟踪。

(15)能提供实时同步录音接口。

(16)交换功能:①分机用户可以通过拨号进行用户间的呼叫。②调度台和有权拨外线的用户具有直接拨外线功能。③分机用户可以通过调度转接至公用网或电力专网的用户。④外线用户呼入可通过调度台转接至任一分机用户或外线直接呼叫调度机中的任一分机用户。⑤具有夜服功能。⑥对脉冲话机拨号和双音频话机拨号均能兼容。同一号线应能允许脉冲话机与双音频话机并机使用。

(17)交换机应满足电力调度通信系统特有的功能:①交换网内的呼叫类别应有控制呼叫、管理呼叫、数据呼叫和维护呼叫4种类别。系统对于所有的呼叫应赋于特殊的标记,称为"呼叫服务信息",即系统对所有的呼叫应给出一个初始的优先级,有条件时应给出一个初始的保护级。②调度台的呼叫类别为控制呼叫;调度、继电保护、调度自动化和通信等专业的业务电话以及有关领导的指挥电话为管理呼叫;维护数据和其他数据为数据呼叫;维护员呼叫等业务为维护呼叫。③交换网内应具有强拆、强插、缩位拨号、回叫、转移、会议和保持等功能。④交换网内应有紧急呼叫的功能,在被调度点发生紧急事故时,紧急分机可直呼上级调度。在正常运行状态时,紧急分机没有优先权,仅在发生紧急事故且通道拥塞的情况下可通过授权码或其他方式提升到最高优先级。⑤具有迂回路由、重找路由、重试路由、路由闭塞、路由重启、基于服务质量和呼叫服务信息来选择路由等。⑥当局间电路采用电力线载波电路时,交换机应具有控制转接点电力线载波机压扩器退出的功能。⑦交换机应有硬盘加载或CPU失电保护配置。⑧交换机应具有故障转换功能(当系统出现电源中断故障时,能将部分重要用户直接联接到专网的2线双向中继线上,使这些用户即成为专网用户的一部分,或将部分重要用户电路切换到备用设备或重要岗位,以确保重要用户的通信。当设备恢复正常后,能自动切换到原来的正常工作状态)。⑨交换机除常规的维护管理功能外,还应有远方告警和远方维护功能。⑩交换机的信号系统必须能与现运行的调度程控交换网兼容(MD-110和HARRIS20-20系列交换机)。⑪交换机应能提供需方需要的各种中继和用户接口。⑫交换机与现有通信网内各种传输设备应能有效连接和可靠工作。

(18)录音设备:录音系统应至少同时向2个调度台或用户话机提供录音功能。录音系统应提供模拟(或数字)接口,应具有自动录音和手动录音 2 种方式。对于模拟接口,录音的启动或结束应同时提供声控与压控 2 种控制方式。供方应说明录音系统的容量、接口类型、录音的控制方式。录音系统满足至少存储 168 h 不间断语音信息的要求。

(八)编号要求

电力系统调度通信调度交换网是采用闭锁编号方式,即在网内任一主叫用户呼叫某一被叫用户,拨相同的号码。号码长度不少于 7 位。

(九)传输要求

分机用户至分机用户或分机用户在二线环路中继之间的传输损耗应不大于 7 dB,并且不得小于 2 dB。其他特性应满足中华人民共和国电力行业有关电力系统数字程控调度交换机的技术规定。

(十)网同步

当交换机采用数字中继接入公网或专网时,采用主从同步方式。交换机应具备三级时钟,并配至少有 2 个外部时钟输入口。其接口为 2 048 kb/s,符合 ITU – T 建议 G.703 的要求。

(十一)过电压保护

调度交换机对过压过流的保护性能应满足中华人民共和国通信行业关于电话交换设备总技术规范书的有关要求。

(十二)可靠性要求

调度交换机的重要部件,如主处理机、交换网络、二次电源及信号音板等必须采用热备份结构,具有告警、故障自动诊断和倒换等功能。主备用自动倒换应不影响正在进行的任何形式的通话。

(1)平均故障间隔时间(MTBF)应大于 8 760 h。

(2)系统中断:由于硬件或软件造成故障,使用户不能发出、接受和完成呼叫的时间大于 30 s 称为中断。当调度员不能完成调度操作或影响整机 50% 以上用户的接续时,称为系统中断。在系统开通割接后,全系统中断,20 年累计不能超过 1h。

(3)硬件故障:要求故障次数每月不大于 0.15/100 线。

(十三)调度交换机的维护管理要求

交换机应具有 2 个以上用于网络管理的数据接口。与网管的中心连接采用 RS232C、RS449/424 等数据接口,网络管理要求及功能应符合中华人民共和国通信行业关于电话交换设备总技术规范书的有关要求。对交换机的维护要求应满足电力行业关于电力系统通信自动交换网技术规范的规定。要求交换系统具备 Q3 接口。

(十四)硬件要求

(1)硬件系统应采用模块式的硬件结构,便于扩充,并能容纳新业务和新技术。提供的设备应全部采用经过老化测试和严格筛选的优质元器件,组装过程应有严格的质量控制确保长期使用的高稳定性和高可靠性。

(2)系统构成应具有冗余和容错等安全措施。主处理机、交换网络、二次电源及信号音板均应冗余配置,热备份结构。

(3)用户电路应具有 BORS(C)HT 功能。用户电路、交换网络、中继电路和处理机等应满足中华人民共和国通信行业关于电话交换设备总技术规范书的有关要求。

（4）交换机的插接件必须接触可靠,结构坚固,易于插/拔。插接件应有定位和锁定装置。

（5）交换机的印刷电路板均应防腐蚀。印刷电路板均不允许有飞线。同一品种的电路板应具有完全的互换性。

（6）不同品种的电路板应有错插保护功能;否则,必须有可靠的措施使其不能插错位置。

（7）当交换机加电运行时,插入或拔出机盘应不引起任何元件的损坏和缩短使用寿命。

（8）电路板应有状态显示装置,显示电路板的使用及运行状况。用户板及中继板每一个电路还应有空闲、占用或置忙的显示。

（十五）软件要求

系统软件及软件的修改和修补方法应符合中华人民共和国通信行业关于电话交换设备总技术规范书的有关要求和电力行业关于电力系统通信自动交换网技术规范的有关规定。

（1）交换机的软件应采用分层的模块化结构。任何一层的任何一个模块的维护和更新以及新模块的增加都不影响其他模块的功能。

（2）软件应有容错能力和防护性能。

（3）应具有软件运行故障的监视功能。

（4）软件应具备的功能要求:①有完善的实时操作系统;②有各类正常呼叫接续处理功能;③具有完善的系统控制功能;④具有路由及话务量控制功能;⑤具有对各种硬件设备测试功能;⑥具有对软件、硬件运行故障的监视功能,有完善的故障告警及故障处理功能,有与集中维护管理中心相配合的控制功能;⑦具有完善、方便的人机通信控制功能;⑧具有完善的维护管理功能;⑨具有故障诊断和故障定位功能。

（5）软件维护管理功能要求:①故障诊断软件应能对硬件故障进行诊断和定位,故障进行诊断定位后应能显示或打印。②对硬件故障进行诊断定位的精度要求:ⓐ用户电路、中继电路定位至每一电路。ⓑ各公共部件电路,如处理机、交换网络、接口电路、存储器和输出/输入设备等应能达到:70%的故障能自动定位至 1 块板,90%能自动定位至 3 块板,100%能自动定位至 5 块板。

（十六）机械结构与工艺要求

（1）交换机的机架和安装件的结构,应能经受里氏震级基本烈度为 8 度,设备按 8 度设防。

（2）表面涂敷处理:①设备的表面涂敷应满足防腐的要求。②所有喷漆（塑）零件的表面应光滑平整、色泽一致,不允许有划痕、斑疵、流挂、脱落和破损。电镀零件的表面应有金属光泽,不允许有裂纹、斑点、毛刺和缺陷。③机架（盘）的外观应色彩协调,色调柔和,色泽一致。

（十七）设备保护

当设备加电运行时,插入或拔出机盘应不引起任何元件的损坏和缩短使用寿命。

（十八）电磁兼容和抗电磁干扰（EMC & EMI）

设备的电磁兼容性及抗电磁干扰应满足 IEC801 - 2，IEC801 - 3 和 IEC802 - 4 的要求，供方应提供设备的具体电磁兼容指标、测试方法及测试数据。

（十九）其他

应提供的设备之间连接的安装件、电缆和主机柜与配线架之间的电缆，以及设备的电源线和接地线。

第三节　供货范围

供货范围见表14-1。

表 14-1　　　　　　　　　　　　供货范围

序号	名称及规格	单位	数量	备注
1	机柜（高度 2 260 mm）	套	2	调度机主机柜1面，附属设备机柜1面
2	系统公用单元	套	1	双配置、热备
3	多功能板	套	1	8 路音频、6 路 B + D、2 路 E/M
4	模拟二线用户板（16 路）	块	3	共48 路
5	4 线 E/M 中继板（8 路）	块	2	共 16 路
6	2 线环路中继板（8 路）	块	2	共 16 路
7	2M 数字中继板	块	3	含宁格尔变调度机 2 M 板一块
8	64 键双手机调度台（2B + D）	个	2	——
9	管理维护终端	套	1	——
10	激光打印机	台	1	——
11	数字录音系统（最少 8 路）	套	1	最少 80 GB 硬盘，含光盘刻录仪
12	UPS 电源（~220 V/1 kVA）	套	1	——
13	远端维护 MODEM	个	1	——
14	安装材料	套	1	满足现场安装要求
15	最新版本汉化系统软件	套	1	支持全部系统功能
16	技术文件及技术资料	套	1	安装资料、维护手册、说明书、技术手册等

注：（1）表中系统公用单元应包括中央处理、时隙交换、音频收发、铃流发生器、存储器、来电显示板、会议电话板、滤波板和故障转换等系统运行所必须的单元板，设备配置应满足系统的完整性要求。（2）设备安装以直流配线柜、音频配线架和数字配线架为分界面，厂家提供安装材料（电力电缆、用户电缆等），负责完成设备侧安装。

调度机技术参数要求见表 14-2。

表 14-2 调度机技术参数表

序号	设备技术参数项目	要求值
1	系统容量	256 端口
2	调制方式	PCM30/32 A 律
3	中央处理器	工控机等级
4	交换网络	T 型
5	话务量	用户线 > 0.3 erl 中继线 > 0.7 erl
6	用户环阻	≤1 000 Ω
7	信号方式 用户信号 中继线信号 数字中继	直流脉冲(DP)或双音多频(DTMF) DTMF 或 MFC 信号 A 格式, Q 信令 A 格式的 DTMF 信令
8	接口类型 中继接口 用户接口 数据接口	2 M 数字中继 二线环路中继 2 W/4 WE&M 中继 普通电话 会议电话 调度录音机接口 用于远端维护的调制解调器接口 数字调度台接口 (RS232C)
9	电源	−40.8 ～ −57.6 V DC
10	环境 长期运行温度 湿度	5 ～ 40 ℃ 20% ～ 80%
11	系统管理及维护功能	交换机组网 中继电路的建立 系统配置及功能组 系统自动检测 告警记录及控制 故障诊断及统计

第十五章 通信电源系统

第一节 概 述

全球通信电源技术发展呈现以下几大趋势:

(1)高效率、高功率密度,宽的使用环境温度。

(2)网络化、智能化的监控管理。通信设施所处环境越来越复杂,人烟稀少、交通不便都增大了维护的难度。这对电源设备的监控管理提出了新的要求。通信电源系统的集中分散式监控系统需要对系统中状态量和控制量进行监控,还可对电池进行全自动管理。

(3)全数字化控制。采用全数字化控制技术,有效缩小了电源体积,降低了成本,大大提高了设备的可靠性和对用户的适应性。

(4)安全、防护、良好 EMC 指标。考虑到设备复杂的运行环境,电源设备须满足相关的安全、防护和防雷标准,才能保证电源的可靠运行。

(5)绿色环保。环保一方面的指标是,通信电源的电流谐波符合要求。另一个重要方面是,材料可循环利用和对环境无污染。这方面需要产品满足 WEEE、ROHS 指令。

水利水电工程设计者需追逐通信电源发展趋势,结合工程实际提出通信电源系统建设方案。以下是某工程实例。

第二节 高频开关电源技术要求

一、高频开关电源装置

(1)交流输入:三相五线 380 V AC(1 ± 20%)二路,或单相 220 V AC(1 ± 20%)二路。

(2)开关频率:供货厂家提供。

(3)直流输出:标称电压 48 V

电压范围 43 ~ 58 V

整流器的直流输出电压在其可调范围之内应能手动和自动连续可调。

(4)额定电流:> 150 A(要求模块有冗余)。

(5)稳压精度:不超过 ±0.5%。

(6)效率:≥90%。

(7)功率因数:≥0.99。

(8)杂音电压:

①电话衡重杂音电压(300 ~ 3 400 Hz):≤1 mV

宽频杂音电压(3.4~150 kHz):≤5 mV

    (0.15~30 MHz):≤10 mV

②离散频率杂音电压(3.4~150 kHz):≤2 mV

    (150~200 kHz):≤1 mV

    (200~500 kHz):≤1 mV

    (0.5~30 MHz):≤0.5 mV

③峰—峰值杂音电压:≤100 mV

(9)负载效应(负载调整率):不超过 ±0.5%。

(10)源效应(电网调整率):不超过 ±0.03%。

(11)温度系数(1/℃):不超过 ±0.2%。

(12)负载效应恢复时间(动态响应):≤200 μs,超调不超过 ±1%。

(13)开关机过冲幅度:无过冲。

(14)启动冲击电流(浪涌电流):不大于最大输入电流有效值的120%。

(15)软启动时间:可根据用户要求设定,一般为2~10 s。

(16)$MTBF \geqslant 1 \times 10^5$ h。

(17)输入应具有过流、过压、欠压和防雷保护功能。

(18)输出应具有过压、过流、限流、短路、过温和自动恢复保护功能。

(19)绝缘电阻:在环境温度为28~30 ℃、相对湿度为90%、试验电压为直流500 V时,直流部分、交流部分及地之间的绝缘电阻不小于2 MΩ。

(20)绝缘强度:①交流电路对地、交流电路对直流电路应能承受50 Hz,有效值为1 500 V的交流电压1 min,无击穿或飞弧现象。②直流电路对地应能承受50 Hz,有效值为500 V的交流电压1 min,无击穿或飞弧现象。

(21)音响噪声≤55 dB。

(22)具有微机监控管理功能。

(23)具备 RS232 通信接口,便于集中监控。

(24)具有遥控、遥信性能:①遥控项目:开、关机,均、浮充转换,限流点设置,输出电压值调节。②遥信项目:开关状态,输出的过、欠压,过流告警,工作过温告警。③遥测项目:输出电压、电流。

(25)电磁兼容性能标准:供货厂家提供。

(26)整流模块额定容量:30 A。

(27)整流模块采用进口知名厂家性能优良的模块产品。

二、交流配电单元

(1)交流配电单元可用手动或自动实现输入交流电源的转换。

(2)交流电源输入电路应具有短路保护性能,应具有电气及机械联锁装置。

(3)交流配电单元应具有防雷保护装置。

(4)交流配电单元应单独控制每个整流器的配电,提供整流器过载机短路的第二层保护。

（5）$MTBF \geqslant 1 \times 10^5$ h。

三、直流配电单元

（1）直流配电单元至少能接入 2 组蓄电池。

（2）直流配电单元电压降应小于 500 mV。

（3）直流配电单元应具有工作接地和保护接地装置。

（4）直流配电单元输出分路应设有保护装置,任一熔断器或 MCCB 故障自动产生声光报警。

（5）$MTBF \geqslant 1 \times 10^5$ h。

（6）输出（输出应包括调压装置）：

正常电压	−48 V
负荷电压范围	−48 V ±10%
输出	30 A　　2 路
	20 A　　4 路
	10 A　　8 路

四、系统功能和监控单元

（1）电池均浮充自动转换；

（2）快充自动控制；

（3）电池限流设定；

（4）温度补偿功能；

（5）电池测试功能；

（6）监控单元有 RS232 接口,支持 S3P 和 MII 信产部协议；

（7）LCD 显示各种测量值和报警信息。

第三节　蓄电池

类型	进口免维护阀控式密封铅酸蓄电池
额定容量	300 Ah
单体电压	2 V
浮充电压	2.27 V(20 ℃)
浮充寿命	≥18 年(20 ℃)
循环放电周期	≥1 200 次按 IEC 标准测试
自放电率	≤2%/月(20 ℃)
安装方式	水平或垂直

工作环境	-10 ~ +40 ℃
蓄电池	每组 24 节(采用国外知名品牌原装蓄电池)

第四节　UPS 电源(2 套)

一、5 kVA UPS 电源

(1)容量:5 kVA。

(2)采用标准通信机柜,上部安装 UPS,下部安装电池。

(3)输入电压:　　　～220 V(1 + 20%),50 Hz(1 ± 5%)

　　功率因数:　　　>0.95

(4)输出:电压　　　～220 V(1 ± 1%),动态 5%

　　频率　　　　　50 Hz

　　频率稳定度　　±0.01%

　　失真度　　　　≤3%(线形负载),≤5%(非线形负载)

(5)效率:≥94%。

(6)采用国外知名品牌长寿命蓄电池,备用时间不少于 2 h(在额定负载下)。

二、15 kVA UPS 电源

(1)容量:15 kVA。

(2)输入电压:～380 V(1 + 20%),三相五线制,50 Hz(1 ± 5%)。功率因数:>0.95。

(3)输出:电压　　　～220 V(1 ± 2%)

　　频率　　　　　50 Hz

　　频率稳定度　　±0.01%

　　失真度　　　　≤3%(线形负载),≤5%(非线形负载)

(4)效率:≥94%。

(5)采用国外知名品牌长寿命蓄电池,备用时间不少于 4 h(在额定负载下)。

第五节　设备配置(仅供参考)

设备配置见表 15-1。

表 15-1　　　　　　　　　　　　　　设备配置

序号	货物名称	数量	单位	备注
1	150 A 开关电源架	2	架	含 2 路输入切换,交、直流配电部分
2	30 A 整流模块	12	个	

续表 15-1

序号	货物名称	数量	单位	备注
3	监控模块	2	套	
4	300 Ah 免维护蓄电池	4	组	每套开关电源配 2 组
5	300 Ah 蓄电池柜	4	套	—
6	5 kVA UPS	1	套	2 h 备份
7	15 kVA UPS	1	套	4 h 备份
8	UPS 电源柜	2	套	可按需配

参 考 文 献

［1］GB/T 776　电气测量指示仪表通用技术条件［S］.

［2］GB 1094.1.2　电力变压器［S］.

［3］GB 2312　中国国家汉字库标准［S］.

［4］GB 2423　电工电子产品环境试验规程［S］.

［5］GB/T 2887　计算机场地通用规范［S］.

［6］GB 4858　电气继电器的绝缘试验［S］.

［7］GB 7260　不间断电源设备(UPS)［S］.

［8］GB 7261　继电器和继电保护装置基本试验方法［S］.

［9］GB 7450　电子设备雷击保护导则［S］.

［10］GB 9361　计算站场地安全要求［S］.

［11］GB/T 9813　微型数字计算机通用规范［S］.

［12］GB/T 11287　继电器、继电保护装置振动(正弦)试验［S］.

［13］GB/T 14285　继电保护和安全自动装置技术规程［S］.

［14］GB/T 50062　电力装置的继电保护和自动装置设计技术规范［S］.

［15］GB 50168　电气装置安装工程电缆线路施工及验收规范［S］.

［16］GB/T 14285　继电保护和安全自动装置技术规程［S］.

［17］GB/T 14537　量度继电器和保护装置的冲击和碰撞试验［S］.

［18］GB/T 15145　微机线路保护装置通用技术条件［S］.

［19］GB/T 54652　电气设备用图形符号［S］.

［20］GB/T 7409.1　同步电机励磁系统［S］.

［21］GB/T 7409.3　同步电机励磁系统大、中型同步发电机励磁系统技术要求［S］.

［22］DL 476　电力系统实时数据通信应用层协议［S］.

［23］DL 478　静态继电保护及安全自动装置通用技术条件［S］.

［24］DL 489　大中型水轮发电机静止整流励磁系统及装置试验规程［S］.

［25］DL 490　大中型水轮发电机静止整流励磁系统及装置安装、验收规程［S］.

［26］DL 491　大中型水轮发电机静止整流励磁系统及装置运行、检修规程［S］.

［27］DL/T 459　电力系统直流电源柜订货技术条件［S］.

［28］DL/T 553　220～500 kV电力系统故障动态记录技术准则［S］.

［29］DL/T 578　水电厂计算机监控系统基本技术条件［S］.

［30］DL/T 583　大中型水轮发电机静止整流励磁系统及装置技术条件［S］.

［31］DL/T 587　微机继电保护装置运行管理规程［S］.

［32］DL/T 637　阀控式密封铅酸蓄电池订货技术条件［S］.

［33］DL/T 684　大型发电机变压器继电保护整定计算导则［S］.

［34］DL/T 769　电力系统微机继电保护技术导则［S］.

［35］DL/T 822　水电厂计算机监控系统试验验收规程［S］.

［36］DL/T 995　继电保护和电网安全自动装置检验规程［S］.

［37］DL/T 5044　电力工程直流系统设计技术规程［S］.

［38］DL/T 5065　水力发电厂计算机监控系统设计规定［S］.

[39] DL/T 5081　水力发电厂自动化设计技术规范[S].

[40] DL/T 5136　火力发电厂、变电所二次接线设计技术规程[S].

[41] DL/T 5137　电测量及电能计量装置设计技术规程[S].

[42] DL/T 5184　水电水利工程通信设计内容和深度规定[S].

[43] SL 517　水利水电工程通信设计规范[S].